DA DONG

大董——著

一日一菜

(下)

上海书店出版社

立春

有滋有味的肉皮冻儿

过年是从炖肉、炖鱼、做肉皮冻儿、炸素丸子开始的。肉皮冻儿，是老百姓过年必备的菜。

肉皮冻儿，不知道从什么时候开始成为一道菜。也不知道从什么时候开始，有明确"冻儿"的菜。

可以肯定的是，"冻儿"一定是在气温不高的地区或季节，人们发现带有胶质汤汁的残羹剩菜，过后会凝结成"冻儿"。这些"冻儿"口感滑腻，味道别样。

全国乃至世界的吃食里，异曲同工，有各种"冻儿"的菜品。

在法餐里，有花色肉冻（aspic）。这是意大利凯瑟琳公主（Catherine de Médicis）下嫁亨利二世，带给法餐精致优雅的转变。这个时期出现了法餐中至关重要的高汤，还有肉冻（meat glaze）和汤汁（deglaze）。

在国内，宫廷菜或官府菜里，也有专门用高汤凝结成冻做的"水晶菜"。

做"冻儿菜"，可以用蹄筋。蹄筋是动物蹄子上的筋儿。有鹿蹄筋、猪蹄筋、牛羊蹄筋。烤鸭店里也会把鸭掌筋剥下来，做水晶鸭舌、红曲鸭膀冻儿。后来也有用石花菜、琼脂、鱼胶粉做"冻儿菜"的。

北京有肉皮冻儿、鱼冻儿，福建菜里有著名的"土笋冻"，江苏菜里有镇江的"水晶肴蹄"。上海人做"鱼冻儿"，将吃剩鱼汤中的鱼骨、鱼刺挑出来，放进冰箱。鱼冻儿可以随时吃，早晨煮一碗白粥，切几块鱼冻儿。鱼冻儿拌上醋、香油，或者辣椒油，那才津津有味呢。

肉皮冻儿，北京家家都会做。把肉皮洗干净，先用水煮了。煮个十来分钟，皮一收紧，捞出来过凉水，找个镊子拔毛。也有不拔毛的，用火筷子烫。这种方法哄弄人，看着毛烫没了，一煮，毛又泚出来。一吃，直扎嘴。人想吃肉，馋得流口水，也管不了这些，狼吞虎咽的，只是觉得香。

毛拾掇干净了，剩下就是炖。炖肉皮，和炖肉一样，桂皮、八角、葱、姜、料酒、酱油，小火炖就好，只是最后留出宽宽的汤。

炖肉要带皮的五花肉；做肉皮冻儿，要用"囊踹肉"，把肉皮抽下来，肉炸丸子或做馅儿，肉皮就做冻儿。做肉皮冻最好的料，是猪背上的皮，这地儿的皮厚实，胶质多，油少。做出来的皮冻儿，清亮。

做好的肉皮冻儿，放在盆里，盖上盖垫儿，随吃随切下一块儿，再切成色子丁儿。吃肉皮冻儿，要调个汁儿，汁儿里有醋、酱油、香油，一定要有蒜。蒜可以是白蒜，可以是腊八蒜。白蒜最好是舂捣出来的蒜泥。一样儿一样儿的浇在肉皮冻儿上，拌了吃。肉皮冻儿可空口吃，也可以就酒喝。就酒，是好下酒菜。肉皮冻，有滋有味，凉凉爽爽，不管大宅门里还是寻常百姓人家都喜欢。

平时供销社卖肉的案子上，如果有肉皮出售，谁赶上了，都会忙不迭地抢着买，回来做肉皮冻。

肉皮冻儿也可以和大白菜炖在一起，或者炖粉条，又方便又热乎。

三九天，北京朔风寒凉，是灰灰的清冷色。立春，一场小雪后，就改了模样。傍晚，南新仓外有"暮色的烟紫"。《滕王阁序》中"烟光凝而暮山紫"，为什么山是紫色的？《望庐山瀑布》"日照香炉生紫烟"，紫烟是什么境界？

眼前这"一团云烟"的紫色，这抹颜色如此浪漫，美好。

真想把这抹颜色在琥珀一样的肉皮冻中凝固。

掐去两头的豆芽儿

1985 年，团结湖烤鸭店，有一个最低人均 15 元的套餐单。菜单里有这样几道菜：烧四宝、炸烹虾、辣子鸡丁、烹掐菜。那年代，人均 15 元，是不低的消费呢。那这个套餐里怎么会有烹掐菜呢？

豆芽菜掐去两头，就叫掐菜。豆芽极普通，掐去了两头儿，就不寻常。

春天菜蔬匮乏时，家里有一把绿豆，放盆里，撒点温水，盖上豆包布，把盆放在暖和的地儿，过几天，芽儿就发出来了。

我喜欢豆芽儿，也喜欢像豆芽儿一样所有刚出头的"芽儿"。喜欢芽儿的顽强和生生不息、生命不止的性格。

芽儿娇嫩、脆弱，可是只要有一点温暖，有一点氧气，有一点水分，有一点适宜的环境，就会生发、就要向上。没有任何力量可以阻挡它们渴求成长。

芽儿虽柔弱，却伟大。任何貌似强大的对手，都不能小觑它。

炒豆芽菜、拌豆芽菜，在大食堂里一般是凑数的菜。也不一定，现在特火的酸菜水煮鱼，里面就有豆芽。豆芽儿是水煮鱼的标配，没有豆芽儿，水煮鱼似乎不成体统。

黄豆芽粗壮，要放点肉炒，也放辣椒。四川涮锅子亦用黄豆芽。不论炒或涮黄豆芽儿，都气壮山河，可歌可泣。

绿豆芽儿娇小，要清炒或凉拌，清口素雅。尤其是刚冒出来一点点儿芽儿的时候，娇小妩媚，让人舍不得吃。

黑豆生出的是墨绿色的芽儿，莹莹的翠。

我曾用黑豆芽拌现磨的山葵，和酱油，加橄榄油，做成一个大丽花型，也是春天的一景。

豆芽菜，掐去两头，就不一样了，变得精细雅致。袁枚《遣兴》有说"夕阳芳草寻常物，解用多为绝妙词"，说掐菜贴切。

掐菜，最简单吃法是烹。据说烹掐菜可看出一个厨师的水平高低。火候要刚刚好，既不能生也不能过熟，生了有豆子的腥气味儿，熟了会软塌塌的没了精气神。

要先用滚开的水焯，锅里水要宽，掐菜要少，这样能一下焯透。水少掐菜多，掐菜一下锅，水就凉了，焯出来的掐菜生不生熟不熟。这个焯要动作快，掐菜入水即出。

掐菜用烹不能用炒。烹和炒，完全不一样的两个烹饪方法：烹，是把油烧热，近似烈油，把焯好的掐菜投入，烹兑好的碗汁。掐菜光溜溜的，挂不住味儿，碗汁里盐的量，比一般菜的量要多一倍。热油热锅，碗汁下锅一下子就蒸发了，只留下味道，是为烹。

烹掐菜用事先炸好的花椒油，也可以现炸。然而现炸的花椒油，会有一些黑色的渣子，不好看。

烹掐菜出锅的时候要烹米醋，这是最关键的一步，醋要烹在热锅的边上，哗的一声响，只留下醋香。《吕氏春秋·本味篇》中讲"鼎中之变精妙微纤，口弗能言志不能喻"。我总是说，火中取"宝"，这个宝是火候，在烹掐菜里，火候很短暂精微，无法用语言描绘清楚。

烹好的掐菜，洁白透明，口感脆嫩，清香解腻，十分爽口。过去吃烤鸭之前，最讲究的是吃一口烹掐菜。烤鸭店有两道特传统的菜，一是冷菜里的炝黄瓜条，一是热菜里的烹掐菜。这两道菜是流传了上百年的经典菜品，不可小看了它。

有顾客骂街，吃个宴席，上个豆芽菜，什么玩意啊。那不是豆芽儿，是掐菜。

这事儿有时候是说不清楚的。

初春，炒银芽春笋

掐菜为什么要掐去两头？我想有两个原因吧：一是为了洁净去掉尾须；一是为了好看，掐去头尾，洁白雅致。

沪上朋友讲，上海人吃豆芽，没有掐菜两个字。豆芽就是豆芽，只是掐掉根须而已。

广东人吃豆芽儿，掐去两头儿叫银芽，这和北京比较近似了。

掐菜，还有很多叫法。比如银芽银针。大饭庄官府菜，都是这样称谓，显得雅致，格调高。过去饭庄子，除了烹掐菜，还有一道"炒鸡丝掐菜"。

炒鸡丝掐菜是一个高档菜。鸡丝要用生鸡脯肉，且用笋鸡。只取嫩嫩的里脯肉，去掉筋膜，先片片儿，再切丝。要顺着鸡的纤维切。说"横切牛羊，斜切猪，顺切鸡"，意思是鸡的肉非常软嫩，如果横着切断肉的纤维，鸡丝容易碎。

切鸡丝很难，比切猪肉丝还难。过去切鸡丝猪肉丝，切的是鲜肉，不是切冻肉。片鸡脯肉，要片出牛皮纸一样的片儿，再切同样厚的丝。切出来的丝，像火柴棍儿一样粗细。行话切鸡丝叫"火柴棍儿"，切猪肉丝叫"帘子棍儿"。

切鸡丝难，炒鸡丝更难。鸡丝要用蛋清儿、芡粉上浆。浆粉不多不少，薄薄的一层。滑肉丝之前，还要抓上一点生油，为了不让鸡丝粘连。

油锅要反复烧热，用凉油浸润两次。锅里的油要宽，和鸡丝的比例为1∶5的样子。油温在60℃，能用手指沾试。

鸡丝过油叫"滑"，"滑个鸡丝"，都是这样说。我想可能是说动作要快，像滑冰一样，一闪而过。也说是用铁筷子把鸡丝在油锅里分开，滑开鸡丝，是动作。

滑好的鸡丝，洁白如玉，根根顺溜，不曲曲弯弯，软嫩不柴。能达到这样水平不是一天之功。有的厨师一辈子也达不到这样的功夫。现在几乎失传。

烹掐菜难，炒鸡丝难，两难加在一起更难。这么难的一道菜，确实好。好看：洁白素雅；好吃：清新爽口。滋味双绝，味道高格。

初春，刚露头的笋，衣莩嫩黄，有一点涩。用鸡丝掐菜同炒，是为大雅。这时候，掐菜要用"银芽"名。笋丝嫩涩，鸡丝柔嫩，银芽如玉。

书法为法不唯书，味道为道不唯味。"鸡丝银芽春笋"不唯菜，是为味道。

春天的鲜豆嘴儿

绿豆芽儿，蚕豆嘴儿，有鲜味儿。带着春天的气息。

蚕豆嘴儿是蚕豆刚出芽儿时的"芽豆"。发豆芽儿，有三个阶段：

一是豆儿的阶段。主要是黄豆，可以煮个盐豆儿。煮盐豆用盐、花椒。盐豆儿空口吃，或者吃炸酱面时做面码。北京做肉皮冻儿，也放盐豆儿。

二是豆儿刚出芽儿，叫豆嘴儿，也叫芽豆。

第三阶段是豆芽儿。

这里专讲豆嘴儿——有黄豆嘴儿、绿豆嘴儿，还有蚕豆嘴儿。

豆嘴儿有好多吃法，数春天里最好吃。豆嘴儿可素烧也可荤煮；可单独成菜，也可相辅成味。

蚕豆嘴儿豆大质硬，做菜前，需要先煮软酥入味。其搭配做法也甚多。

有葱花蚕豆嘴儿：烧热油，煸炒蚕豆嘴儿，再下葱花、姜末同煸炒出葱香味浓；加水、料酒焖煮汁浓就好。葱花焖豆嘴儿，简单好味，豆嘴儿鲜美，开胃下饭。

有雪菜焖煮豆嘴儿：雪菜就是腌雪里蕻。腌雪里蕻要先漂洗去盐咸味儿；油烧烈热，大火炒蚕豆嘴儿，再同炒雪菜末，炒姜末。放料酒、水（或放一点毛汤）焖烧至味浓。这道菜还有一个好听的名字："烧二鲜"。豆嘴儿、雪菜都是素中鲜美之味，同烧炒，风味独特。也可以此类推，用别的咸菜炒制豆嘴儿，滋味都好。

还有一味，更具特色："酸菜烧豆嘴儿"。酸菜烧豆嘴，同雪菜烧豆嘴儿法。有干烧味，就是不带汁；也可带汤，带汤用毛汤调味，味儿极鲜佳。

此蚕豆嘴儿几味，适合平常吃、节假日吃。胃滞满、味钝厚时，调理滋味。

此几味，还可与任何食材同理，如肉末、肉块、烟熏腊肉、火腿、鱼鲞……

这一想，不得了，眼前是一大桌子豆嘴儿的好味道，只觉口水汩汩的。

豆嘴儿好吃，还在于豆嘴儿易得，家家户户都可自己发豆嘴儿。豆嘴儿是豆儿也是菜。

——豆子鲜美，中国人几千年前，就先知先觉。

那年正月十五吃元宵

我二十岁那年，刚参加工作，就赶上过元宵节。老师傅带着我们几个学徒工摇元宵。

正月十五晚上，元宵早早卖光了。只剩下要留给饭馆员工分的。

饭馆分员工的元宵，每人2斤，每斤30个。卖客人的和员工分的蘸了三水（蘸水：就是元宵馅蘸一次水，滚一次面），我们几个学徒嘀咕说，咱们几个，前后干了半个月，每天粉头粉面的摇元宵，这么累，何不多滚两次水，分点大个儿元宵，近水楼台沾点小便宜。

说干就干，几个人将蘸水换了清水，又换了新面。这样又蘸了两次水，还嫌不解气，让元宵在元宵机上滚呀滚，直到再也沾不上面为止。

拿着比其他员工大得多，像大号兵乓球一样的元宵，兴冲冲赶回家显摆去了。

到家已经十点多，坐上锅煮元宵，把睡觉的姐姐也叫起来，一旁坐等。

锅里煮的元宵个儿倒是越来越大，但就是心儿硬煮不透。点一遍水煮一开，再点一遍水再煮一开，一开一开的不知点了多少遍水，左等右等，一直煮到快一点，元宵像小馒头。实在等不了了，捞起看，元宵心儿里还是白的——仍是没煮透。

这便宜占的……

青葱岁月的傻事，几十年后，成了茶余饭后的笑话。

十五的月亮十六圆。岁月饶过谁，每人都有自己的青葱岁月，愿明天会更好。庚子正月十五团圆夜，还有在疫情一线战斗的社会各界人士，你们清澈如月，望你们安好。

肉皮的往事

扬州烹饪大师侯新庆做冰糖扒圆蹄，引得网上一片舔屏。

想起浙江乌镇，有名吃"万三蹄"。进乌镇水波粼粼，鸟语花香，人们却被一阵阵的烧肉焦糖香味吸引，红润亮泽、肥硕圆润的蹄膀就在眼前。原来，家家户户门前摆放着一盘盘的"万三蹄"，肉香氤氲，鱼米之乡真是天堂。

这些好味都离不开肉皮功劳。肉皮能强化圆蹄口感，使圆蹄丰腴圆润，瘦肉不柴，便有入口即化、肥腻饱满的成癫成仙只想堕落之感。

肉皮单独成菜，亦有上乘表现，让人爱不释口。

我曾讲过黄豆肉皮冻配三合油汁加腊八蒜；沈宏非先生也在他的个人美食榜单里，详细记述了在北京西山"那家小馆"，吃到有二百年传承的北京满族吃食"老咸菜炒肉皮"。

肉皮拾掇干净，然后酱过。其要点在于酱的时间，比做肉皮冻的酱肉皮时间要短。这样肉皮有嚼口，不软不韧。

老咸菜炒肉皮有隽味，回味不绝，越吃越香，像时间在嘴里走过。

王子辉先生曾讲过一个"三皮丝"。"三皮丝"是唐代长安厨师创制的菜肴，用影射的方式，发泄对贪官酷吏人称"三豹"的不满。

三皮丝是肉皮丝、海蜇皮丝、鸡肉丝。拌葱丝、白酱油、醋，用花椒油炝——不知道现在西安菜里，还有没有这道"三皮丝"呢？

再说一个肉皮的故事，清末宫廷女官德龄所写《御香飘渺录》（又名《慈禧后私生活实录》）里记载，太后自己说年轻时，最爱吃的一味菜是烧猪肉皮。简单说，是把带皮猪肉切成一块一块的，在猪油上煎，"煎到那肉上的皮，脆的比什么都脆了"。

这些都是时过境迁的事儿。当年小玉兰吃的菜，未必比现在的烧乳猪皮好吃。是当年吃到了绝美猪肉，解了馋的深刻记忆。

现在的厨师，也不知有没有当年长安厨师的血性。

春暖了，花又要开了，我惦记着武汉的樱花和人们

入冬后，收到武汉的卢永良先生寄来的洪山菜薹和腊鱼。一直没有感谢呢。大家喜气洋洋的准备过春节了。冷不丁的出了武汉肺炎，等大家反应过来，武汉宣布封城了。

卢永良先生是全国的烹饪大师，八三年全国烹饪鉴定表演赛（也可以说是第一届烹饪大赛）评出来的全国十大名厨之一，在全国餐饮业德高望重，是中国泰斗级名厨。

位卑未敢忘忧国，但也只是忧忧而已。这次疫情不同于汶川地震，餐饮业同仁都想着如何降低损失；更想着如何听从国家召唤，共度时艰，尽自己微薄之力。经历过零三年非典的人，多少有一些从容和镇定，觉得这时候首先要保护好员工和家庭不感染，企业不要出现患者。这是最大的政治，也是最大的贡献。

心心念着武汉，想着在武汉的卢永良先生。这时候传来卢永良先生组织了一个名厨队伍，给奋战在最前沿的医生护士做饭去了。我一时感动，在我们的"世界中餐名厨群"，让我们名厨们给卢大师点赞。同时也在心里祝愿卢大师和他的同事们注意安全，适时休息，坚持到最后。

春暖了，花又要开了。每年武汉大学的樱花，引来全国的观花者，看樱花、赏樱花。我想去武汉感受樱花气息，去和摩肩接踵的人们，一道沉浸在春的光影中。

看樱花不能错过去吃武汉早点。听说武汉管吃早点叫"过早"，这个词很重啊，过年过节才用"过"，人有冤仇也用"过"，叫"过节"。吃个早饭叫过早，像和早饭有仇，嘎嘎嘎。

热干面有芝麻酱的醇香，面条的劲道。配上一碗蛋酒或者是绿豆汤。吃热干面我总是和北京的麻酱面比较，虽说心里觉得北京人一定说麻酱面好吃，但到了武汉还是吃热干面。

武汉的烧卖与北方的烧麦馅料上没多大区别，但重油，放肉丁香菇和笋。有一绝美调料"黑胡椒"放的多，有点香辣感。咬一口，黑胡椒味和肉香四溢啊。尤其是饿的时候，满满一口，不是烧卖，是口水。

还有豆皮：皮薄、浆清、火功正。煎豆皮，外脆内软，油而不腻，油光闪亮，色黄味香。牛肉豆皮，装盘后浇一勺卤汁，卤汁咸香，浸润豆皮，牛肉粒 Q 弹微辣，很棒。三鲜豆皮料以豆腐丁为主。但是我觉得油渣加笋丁豆干的组合最地道，小吃应该这样子，也会吃得口水涟涟。

还有牛肉粉、糊汤粉、面窝啊，想想就流口水。

湖北去过，有一地，似有留恋。那年"五月榴花红似火"，去潜江，吃"二回头"。

这是多年前，沿汉（武汉）沙（沙市）公路，乘车西行三百余里，大约四个小时到达号称"水乡园林"的潜江。潜江有百里长渠，沿长渠两岸，毛竹村舍，稻谷飘香，小桥流水，鹅鸭满塘。在潜江讲究吃"二回头"。

"二回头"是鳝鱼菜。端午时节，鳝鱼经过一个春季的生长，去掉春初出土气，肥嫩没有泥腥味。

做一道"二回头"，用约 2 两重的黄鳝 5 条，去刺骨，去头尾，洗干净，沥去水分，上笼用旺火蒸半小时出笼。出笼同时，将炒锅置旺火上，放猪油，烧热，煸炒鳝段。后下姜米、蒜末、盐、醋、酱油、胡椒粉、味精、鸡汤，最后放葱花勾芡，翻炒，盛盘即成。制作此菜，要求蒸锅炉旺，蒸得嫩滑。炒制火硬油滚，爆得香浓。此菜香美滑嫩，入口即烂。

全国有很多黄鳝美食，镇江有"长鱼宴"。早年扬州的师傅们给我做过"生炒蝴蝶片""红烧马鞍桥""炝虎尾""响油鳝糊""长鱼筒"。在梁溪吃"脆鳝"。很多年前，沈宏非先生带我去南京，吃一家名为"都市里的乡村"饭馆的名菜"一碗胡椒炒软兜"，那是在立夏时节。

但湖北潜江的"二回头"，却让我如此惦念。

春天要喝萝卜丝青蛤鲫鱼汤

春天，看元代许有壬《芦菔》诗，始觉夏秋萝卜春天有味。诗云：

性质宜沙地，栽培属夏畦。熟登甘似芋，生荐脆如梨。

老病消凝滞，奇功真品题。故园长尺许，生叶更堪斋。

春天乏味？那是我们刻板认识和食味眼光狭窄。春味儿丰富，让人目不暇给。如冬笋、春笋，如雪里蕻，如萝卜。

只萝卜就可幻化出无穷味道，你不信吗？萝卜是这样的，"可生可熟，可菹可酱，可豉可醋，可糖可腊可饭，乃蔬中之最有利益者"。另"可干可渍，可糟可熏，可果可药"。萝卜还可四季。

春日吃春饼，立春启时，萝卜丝鲫鱼汤，正当时。

《立春》有：谁家二月煮新丝，一江黄鲫应不识。明日倘或桃李晓，莫问老梅知不知。春天蛰伏一冬的鲫鱼，鲜嫩如新，肉白如玉。老萝卜损逝了些臭气，倒是成稳些。

捉些鲫鱼，最好青不愣子，拾掇干净，大油煎两面，沥热水。萝卜擦丝，热水焯过，放鱼汤锅里一起煮。汤里放老姜片、葱段、盐、胡椒粉。

大火煮，熬汤浓白，咸鲜溢口，老姜胡椒齐辣。出锅放芫荽末，点香油，调醋。真是口舌生津，齿颊留香，回味无穷。

喝萝卜丝鲫鱼汤要配芝麻烧饼。萝卜丝鲫鱼汤，春天要喝，尤其在今年疫情期间，理肺清淤，抑浊顺气，人一定精神。

沙茶萝卜炖牛腩

萝卜炖牛腩里的萝卜和牛腩，似乎是天经地义的绝配。土豆也可以炖牛腩，但总觉名不正言不顺。

想来想去，牛腩和萝卜相配，是老天爷撮合。萝卜能炖上牛腩，门当户对。

萝卜广大。萝卜种植，天南地北，无地不有。北至黑龙江畔，南至西沙群岛，西至珠穆朗玛峰，包括西北海拔四千七百多米的聂拉木，还有东至东海，都种植有萝卜。品种、良种繁多，"灯笼红""象牙白""紫芽青""心里美"等等，有一大串。

萝卜好吃，只是有点臭。这是因萝卜含有芥子气。萝卜里芥子油气却是好东西，它能冲抵牛腩的膻味。只是在做萝卜菜的时候，出水二次，其臭可除。

多年来，老百姓虽不知芥子油这种成分，却能智慧地运用，以中和牛腩的膻味，使萝卜炖牛腩，人人爱吃。

做萝卜菜怎样才好吃？要选用大白萝卜——但不能贪大，选中型偏小最好。这种白萝卜肉质紧密、质地充实，烧出来成粉质，软糯、口感好。

现代研究结果表明，白萝卜含芥子油、淀粉酶和粗纤维，具有促进消化、增强食欲、加快胃肠蠕动和止咳化痰的作用。冬春季节吃高蛋白、高热量的牛肉是应该的，但是牛肉含较高的嘌呤；牛肉汤嘌呤含量更高，容易产生过高尿酸。萝卜属于弱碱性食物，和牛肉、牛肉汤搭配能酸碱中和。

本来萝卜炖牛腩就好吃，加上沙茶酱，简直了——有至味之美。加入沙茶酱，更能去膻增香，入味解腻。

沙茶酱，称沙茶，也称沙爹，是潮汕话的外来词，印尼语 cate 的音译。印度尼西亚人把涂了辣酱烤熟的牛羊肉串叫做 cate。原料大致有花生仁、白芝麻、大地鱼、虾米、椰丝、大蒜、葱、芥末、辣椒、黄姜、香草、丁香、陈皮、胡椒粉等。这些原料经磨碎或炸酥研末，然后加油、盐熬制，过程相当繁琐。沙茶酱色泽淡褐，呈糊状，有大蒜、洋葱、花生米等特殊的复合香味，虾米和生抽的复合鲜咸味，以及轻微的甜、辣味。

曾经我弄不懂沙茶和沙爹的区别。也不懂港台人为啥要"沙爹"。但是萝卜炖牛腩确实好吃，好吃得能连吃三碗米饭。

萝卜炖牛腩，宜用砂锅。牛腩最好用排过酸的老肉。出水两次。炖牛腩的时候，可加一些山楂，炖得牛腩酥烂。记得萝卜要出水再在牛腩酥烂时一起炖。

小大董的沙茶萝卜炖牛腩，上桌的时候，在锅子里放两片柠檬叶，叶子还要搓揉了，使清香溢出。

春寒料峭中，守着咕咕冒泡的砂锅，闻一锅浓烈萝卜牛腩的肥香，看书，等花开。

嫩——祗应春有意

立春后五日一候，有女生裸脚踥趖春，说嫩如婴儿玉臂拂面。

午后三时，艳阳西照，远看槐树苍苍，如熟宣氤氲，沁出些绿。

五六米远的一株桃，密密匝匝，枝上有颗粒如谷大小，疑是去年树桠结痕。趋前细看，竟是花蕾之芽。

蕾的芽，这是第一次见，只觉得娇嫩，心生怜爱。忽然想，这时可不要再有雪有风。如有，一定要细雨微风，不可粗鲁。

春天第一味儿是冬笋，只因冬笋鲜嫩。

东坡和笋有无尽的话题。一友从南方馈以竹笋，他要写诗："……故人知我意，千里寄竹萌。骈头玉婴儿，一一脱锦绷。庖人应未识，旅人眼先明……"，说那竹笋如同脱去襁褓的婴儿，洁白如玉。北方厨师大概还不认识为何物，而他这个羁旅他乡的南方人，看见竹笋眼都发亮了。

正因为鲜笋嫩脆冒尖，尽人皆知，故人们爱用"笋"来称呼那些味美的娇嫩蔬食，如芦芽叫芦笋，蒲芽叫蒲笋，嫩白叫蔬笋，莴苣叫莴笋，百瓜叫笋瓜，嫩梅干菜有笋脯之味叫梅干笋，嫩玉米包心叫假冬笋，胡萝卜味甜质脆，广东人叫甘笋。

那年二月去问政山挖笋，笋落地上，碎了——这碎固然是脆，却也是嫩。

所谓嫩，有水，幼小。说蚌埠人买菜，看嫩不嫩，一般是掐一下菜根，有水则嫩。

冬笋嫩，春笋鲜。冬笋嫩，积聚鞣酸，有涩味儿，要多煮多煨，再用香味裹之，山东菜"糟煨冬笋"的炮制，便如此法；春笋鲜，浙江上海人则要用春笋和老咸肉同煮，你侬我侬，这道菜像东坡调侃他老友的一首诗"十八新娘八十郎，白发苍苍对红妆"。

春天的阉鸡叫笋鸡，西餐叫春鸡，远不如中餐有诗意。山东菜有"爆炒笋鸡"，小笋鸡带骨切块，爆炒。炒出来的鸡肉软嫩鲜香。除此，还有"炸八块鸡"，也是用笋鸡。

日本冬春也吃笋。@表姐说春天鹿儿岛出早掘笋，冬笋叫白子笋。我曾在东京六本木的一家天妇罗店，吃烤的冬笋，带着笋衣切四瓣，至嫩。日本竹笋和台湾绿竹笋有相似处，无丝，似甘梨。

嫩是春天的初萌，春天却不只有嫩。随着春风的劲吹，春天也会刚强起来。春天有初萌，也会待来百花争艳的时候。我们爱春天，祇应春有意。

春雪炖明炉醋椒鱼

早出，大雪飘落脸颊。瞬时化作一行热泪。

立春后下大雪是吉祥瑞事，民间有谚语："立春雪如被，来年枕着馒头睡。"这样大的雪对冬小麦和春播农作物墒情有好，对眼下的病毒疫情，有空气清新作用。

想起郑板桥有《山中雪后》，正是此景：

> 晨起开门雪满脸，雪狂云淡日光寒。
> 檐流未滴梅花冻，一种清孤不等闲。

大家都在家蛰伏了一个时期，出来吸一口这样鲜美的空气，精神抖擞，身心俱爽。

大雪天若有火炉，点一锅沸腾，应白居易《问刘十九》景：

> 绿蚁新醅酒，红泥小火炉。
> 晚来天欲雪，能饮一杯无？

冷吃热炉，热吃凉卤。做"明炉醋椒鳜鱼"。或有任何鱼都可，将比目鱼或鳜鱼拾掇干净，过热水焯一遍，去鱼腥，略煎，也可不煎。用毛汤，下葱姜料酒盐味精，煮熟，再放胡椒粉、米醋、香油、葱丝、香菜调味。当然，汤要多多，主要喝汤，热烫下肚，全身通泰。

煮一锅"腌笃鲜"也应时应景。春天的味道，时间的味道，都在一个锅里。

下雪天的好吃食，多着呢。还可以酸菜煮肉蛋蛋、雪菜大汤煮黄鱼。或者来一碗雪菜肉丝面。还有酸菜火锅，可荤可素涮一锅，最后下了面。

喝着热汤，想着昨天刚初萌的蕾芽，大雪纷飞，你还好吗？遂有几句：

> 大雪打春枝，
> 雪狂风冷寒峭，
> 惊动一春花信，
> 应怜春萌还小。
> 春萌还小，
> 雪后天明花好，
> 春色明媚，
> 有我俏嫩身巧。

长江绕郭知鱼美，好竹连山觉笋香

总是寻思笋，却突然不知道笋是何物。

笋是什么？

笋是竹的幼芽，由竹的芽苞发育而成。笋是竹子生命的起点，有笋就有竹。笋依时节分冬笋和春笋、夏笋。春天竹笋破土而出，谓之春笋。冬笋嫩、春笋鲜。竹有地下横茎是为"竹鞭"，竹鞭有节芽，出地面称为笋。我看过一电视节目，伴竹山民，冬日寻笋，顺一根竹鞭挖出十只笋。冬笋支支娇嫩，笋体肥大，壳色金黄。

每年立秋后，竹鞭开始萌发幼芽，到初冬长得肥肥大大而成笋。深冬寒冷，笋亦休眠。只有长居竹林，悉知冬笋习性之人，能顺竹鞭挖冬笋。冬笋曾被列为"山珍"之一。

据近代科学家分析，笋除了含有丰富的维生素以外；又含有比较多的蛋白质；还有一种白色含氮物，是笋子芳香的气味。竹笋是高蛋白、低脂肪、低淀粉、多粗纤维素的营养美食。现代医学认为，竹笋有降脂、促进食物发酵、助消化和排泄的作用，是减肥理想食物。常食有助于降压、降血糖、降脂。

笋筍同义。竹胎旬时而出，故曰筍。旬时指待时。十日为旬。旬亦有到时之意，旬时即到时。民间称筍作笋。尹有以手执杖意，笋有杖形，故作笋。

到时而出，冬出冬笋，春出春笋。

宋僧人赞宁撰《笋谱》，这是我国最早的一部关于竹笋的专著。

《笋谱》列举笋的别名，述栽培方法，归纳笋的十个阶段，萌、笋、箬竹等。又记全国各地所产 98 种笋的名称、形态特征、生长特性、产地、出笋时间等，及记各类笋的性味、补益及调治。

千百年来，竹笋成为中国人的美食神品，"竹笋既高居于庙堂之上，又遍及田间之间"。冬去春来，无人不识笋，无处不食笋。

老饕苏轼初贬黄州，最先感知的是黄州美味。这从他这首《初到黄州》诗中可见："长江绕郭知鱼美，好竹连山觉笋香。"

若问我，最爱竹笋，何味最胜？所有。

春笋正香芽淡

春笋正香芽淡。曾四年间，我去天目山寻笋，问政山采笋，安吉吃笋。

最有春戏感的是去问政山，一行人浩浩荡荡。先到黄山，喝酒。黄山旅游学校胡先生和胡适是本家，祖籍徽州绩溪。胡校长能喝酒，能讲安徽春笋的故事。二月早春，问政山溪水春涨，春笋初发，春笋成为安徽人饭桌常味。田畦里菜蔬还没见青，要用咸菜炒春笋，最鲜美味要数雪菜炒春笋。雪菜经过一冬盐腌，春天正鲜，漂去盐味，就有了隽味。和春笋一起用菜籽油烧，浑厚中是浓浓的春天初生的鲜。荠菜一拃长的时候，和春笋一起包了荠菜笋丁包，皮子要薄，吃是笋子萌萌的鲜脆，看是荠菜萌萌的绿。到了屋前屋后苋菜常见时，用春笋煮苋菜，红粉苋菜汤中，是春笋的玉色。最爱刀板香咸肉煮的春笋，咸肉老道，春笋青涩，这道菜是平衡的味道。安徽人也有咸肉和春笋味道，和安徽人的人文思想有关。这思想也是中国人的传统思想。中庸、平和在问政山里植根了几千年。

山外人是挖不到笋子的。安徽山里人很睿智也很智慧，似乎能看出竹鞭的走向。只有山里人知道竹子的习性。山里人挖竹笋，轻而易举，看挖春笋也是件快活事。

那天我们挖春笋，每人都配了个山里人指点着挖，挖几只后，倒是有了点感觉，看地面有隆起又有裂痕，都是春笋在使劲的地方。这时候的春笋叫"土拱笋"，真是形象。不知不觉挖了一篮子，心生欢喜，感觉自己是一个挖笋专家。没成想，回来的路上，陪同的胡先生说漏了嘴，怕我们这些山外人挖不倒笋扫兴，早在一天前安排山里人找好了"土拱笋"做了记号，今天让客人在寻笋中找到了兴奋。这也是安徽人的精明与周到。

　　真是问政山与阿里巴巴寻笋记。

　　二月初春，觉得南方人就为春笋忙活。

　　江南人家，春天无一日不食笋；无笋则无春。"家家厨繁剥春筼"，筼，是春笋的青皮，也叫衣箨。剥去春笋嫩黄的衣箨，就见了春笋的玉色。过了浑浑噩噩的冬，这玉色原来是清清明明。

茂盛生长在雪里的雪里蕻

雪菜最经典的吃法是炒肉末。雪菜肉末炒一切，炒不行就煮，煮不行就烩，烩不行就泡……

早晨，煮一锅雪菜肉丝面；中午，雪菜包子。也可以，大汤雪菜煮黄鱼；雪菜炖豆腐，平和有味；雪菜豆嘴是小菜，雪菜炒肉末最经典，可阳春白雪，可下里巴人，通吃。雪菜炒春笋，最妙味；雪菜芝士三明治，特洋气的土著吃法。腌雪菜就是咸菜。

先说咸菜吧。

老家有乡亲来，他们带来老咸菜，开始觉得老咸菜太土了。偶尔吃，觉得有好吃的味儿。后来我向他们要来吃。老家有人来，一定嘱咐他们带点儿老咸菜。

老咸菜黑不溜秋，皱皱巴巴，表面会有盐粒子。老咸菜有韧性，干嚼，倒有了一股子香味儿。给老咸菜滴一滴香油，顿时，香到里。老咸菜是越嚼越香，和粗棒渣窝头绝配。窝头可以凉着吃，如果烤了吃，更香，烤出金黄色的咖儿，就老咸菜吃，似乎是人间美味。北京过去的供销社有卖咸菜，各种各样，印象里有八宝酱菜、辣咸菜丝、酱疙瘩，还有很多记不清了。供销社里的咸菜是老百姓吃食的奢侈品。老百姓大多自己腌咸菜。腌雪里蕻，腌酱疙瘩。

雪里蕻和大白菜一起上市。各家各户买大白菜的时候，也会买一些雪里蕻。雪里蕻主要是做咸菜。北方吃雪里蕻很简单，先是趁着鲜，吃几顿爆腌。爆腌雪里蕻要炝辣椒油。辣椒油要把辣椒炸酥。炸酥的辣椒黑红，不那么辣，却香得不得了。

我以前纳闷，这道菜怎么看都跟"红色"沾不上边儿。原来，"雪里红"是雪里蕻的俗写。

雪里蕻是一种芥菜的变种。其实不只是雪里蕻，我们平时吃的榨菜、有些地方说的大头菜、高油菜、水东芥菜等，都是芥菜的变种。雪里蕻跟它们都是"亲属"关系。而雪里蕻的意思为"茂盛的生长在雪里"。在《广群芳谱·蔬谱五》就有记载："四明有菜名雪里蕻。雪深，诸菜冻损，此菜独青。"

雪里蕻也叫做雪菜、霜不老、春不老，也有很多别名。

霜月、飞雪、春花，雪菜阅尽时间风月的咸淡，平和自己，给人间一味鲜美。

雪里蕻的鲜美

雪菜鲜美家常，南北皆有名馔小味。宋梅尧臣有诗："宣城北寺来上人，独有一丛盘嫩蕻。"

雪菜好吃皆因鲜美，据分析，每百克雪菜中水分占91%，含蛋白质1.9克，脂肪0.4克，碳水化合物2.9克，灰分3.9克，钙73-235毫克，磷43-64毫克，铁1.1-3.4毫克。

这里碳水化合物2.9克，蛋白质1.9克，在雪菜的成分里，比例含量大。

蛋白质水解后能产生大量氨基酸。这是雪菜鲜美的重要原因。

青菜里含有淀粉，人们吃不出来青菜淀粉的甜，因为它不易溶于水。被霜打过后，青菜里的淀粉在植株淀粉酶的作用下，由水解作用变成麦芽糖酶，又经过麦芽糖的作用，变成葡萄糖。葡萄糖能溶解于水，而且是甜的，所以青菜也就有了甜味。青菜细胞中有了糖分，自然吃起来就会甜，口感更好。

雪菜里富含芥子油，具有特殊的香辣味，腌雪菜色泽鲜黄、香气浓郁、滋味清脆鲜美，无论是炒、蒸、煮、汤或任何烹饪方法，都是那么让人喜欢。

白居易也有诗说大白菜："浓霜大白菜，霜威空自严。不见菜心死，翻教菜心甜。"这诗淳朴淡静，滋味雅正，恰是那霜菜的味道。霜菜经霜才好吃，去了涩和淡，甜润润、脆生生。青菜本是吃个鲜，有了这甜，会更加醇和，滋味也更浓郁。我们烧菜，会有意识加点糖，为让菜味绵长。

菜中有甜，生活中就有了鲜。

雨
水

"雨水"日，食春味第一鲜

今天是雨水。

韩愈的诗《早春呈水部张十八员外》，最贴切，也最有意境。

> 天街小雨润如酥，
> 草色遥看近却无。
> 最是一年春好处，
> 绝胜烟柳满皇都。

这两天一直留意看春色，看玉兰、看迎春、看海棠。在我的印象里，迎春花是春天里的第一花，渐暖，满街嫩黄。

南新仓院子里的玉兰，已早早地冒了芽。二环路边上有一棵硕大的桃树，花苞已胀得很大，花蕊探出头，急不可耐地要吐蕊奔放。远看树梢有了绿意，树叶在阳光下，鲜亮地闪着绿。看来只等春发，等那东风啊。

今年雨水很足，看资料是从 1951 年后，降水量是同期最多的年份。立春前后的几场雪，着实让北京人过足了一个有雪的春天，白雪飞花，在庭院树间徜徉。

"雨水"正是天地阴阳交泰，草木萌动时，在"润物细无声"的春雨中，草木抽出嫩芽，大地呈现出一派欣欣向荣的景象。

春天的美味舞台，最先登场的是春笋。"糟煨春笋"，家庭里没有香糟，可以用点好黄酒代替，只是多放一些，调成咸甜味道就好。春笋要吃腌笃鲜，用老咸肉炖鲜肉和春笋。当然还要吃雪菜炒的春笋，这是春天里的"双鲜"。

还有笋丁肉丁包子，加点虾仁、香菇、炒鸡蛋或海参，就成了"五丁包子"。不过，北方春天最好吃的包子，是用酱肉切丁，和笋丁一起包。

我有一吃，吃手剥笋。手剥笋在宽水锅里煮，煮也简单，有点盐，有点花椒就好。煮熟的手剥笋，剥去笋衣，蘸芝麻酱，这芝麻酱是涮羊肉的吃法。其实北京人吃涮锅子，也是为了吃这个麻酱汁。手剥笋蘸芝麻酱汁，是我的吃法，荠菜吃鲜，麻酱汁吃"过瘾"。我爱吃春笋还有一个养生说，就是春笋粗纤维多，可利便清肠，去晦气。

到了雨水，江南荠菜最先见青。荠菜刚出嫩芽，最是新春的第一绿。荠菜馄饨、荠菜炒春笋、荠菜包子、荠菜豆腐羹。荠菜豆腐羹最好用南豆腐，南豆腐就是市场的上的盒豆腐，豆腐细嫩，吃在嘴里润润的，关键它不会夺荠菜的鲜味。汤里面煮几颗海米，多加几片姜，再有胡椒，汤煮白，味大鲜，前几日我按此方，给自己煮了一锅，满满的都是"恨"，恨不得赶快请朋友们来，一起尝这个春天的鲜。

南宋诗人陆游最爱食荠菜，在《食荠》中赞："日日思归饱蕨薇，春来荠美忽忘归。"

东坡赞美荠菜"虽不甘于五味，而有味外之美"，是少有的"天然之珍"。

最后用宋辛弃疾的《鹧鸪天·陌上柔桑破嫩芽》词做结尾吧：

> 陌上柔桑破嫩芽，东邻蚕种已生些。平冈细草鸣黄犊，斜日寒林点暮鸦。
>
> 山远近，路横斜，青旗沽酒有人家。城中桃李愁风雨，春在溪头荠菜花。

雪菜几味，真是一味降一味

昨日微醺，一夜撩燥。早晨莫名的有一种情绪。情绪从胃来，是要热汤慰藉的馋，且馋得慌。

最好是雪菜肉丝汤面。平日吃这汤面，要汤白味厚。酒后早晨却想汤清且淡。雪菜汤面无需放味精，腌制一冬的雪菜，已是鲜得敞亮。雪菜肉丝汤面滋润，舒服。慰藉了胃，也慰藉了人。

有几个春天我去杭州，马可波罗酒店张伟总会特意安排厨房给我做"片儿川"吃。那时才知道，片儿川就是雪菜肉丝面。雪里蕻、笋片、肥瘦肉丝下猪油快炒，加入筒骨和火腿熬的高汤一起煨煮细面。这碗面就是"鲜美"二字，是一辈子的回忆。

雪菜怎么就是这么好味，能解大馋的小味。雪菜是什么？雪菜其实是乡愁，离家千万里，有一碗雪菜的饭，鲜味萦绕，就有了慰藉。每人心中，都有一个雪菜的味道。雪菜，素中大味。南北皆宜，食材平平，没有门第，吃的是可口，顺心，滋润。

老百姓用雪菜炒肉末，家家都吃，家家都爱吃，这是雪菜的家常味、基本味。有了这基本味再烧高烧低，烧南烧北，烧、煮、炖、炒、拌，就是炖个豆腐，都爱吃，吃得可口。雪菜总有一番风味在舌尖。

红楼梦里的小姐姐们要在潇湘馆炒雪菜。蒋介石宋美龄的早餐，顿顿离不开雪里蕻配稀饭。原配毛夫人总会在当令时煨些鸡汁芋艿头，腌雪里蕻炒肉丝、煮雪菜大汤黄鱼给蒋。这些时令鲜味维系着蒋与原配的关系。蒋在饮食上受宋美龄的影响，讲究"少食多得"，也讲营养。有一些饮食喜好，也一生保持，如喜食鸡汁芋艿、雪菜肉丝。对于蒋的这种喜好，曾有人作诗调侃："纵有珍肴供满眼，每餐味需却酸咸。"

南方人吃雪菜肉丝面，北方人吃雪菜肉末烤馒头，味道可都是鲜得掉了眉毛。

我用面包夹雪菜肉末和芝士，放烤箱烤，芝士拉很长的丝，芝士的奶香和雪菜的鲜，简直了。如果早餐加一白煮蛋一杯奶，营养简洁。春日午后，配奶茶或咖啡，都是有调性的吃。

雪菜炒龙虾球，可以在春天做宴会大菜。请客请自己，都会有面子。在龙虾面前，雪菜一点都不会不好意思，小味成就大味，雪菜可傲娇了。

雪菜肉末包子，当菜当饭，有鲜有香。尤其再煎黄了底儿，一咬鲜汁溢出，油水交加，就是烫了后背，也丢不下这口包子。

晚饭最好是雪菜汤泡饭，中午的剩饭，加雪菜肉末，开水一煮，舒服，滋润。多喝汤少吃饭，一点负担都没有。

有用腌雪菜的咸卤水蒸鱼者，说味道鲜美至极。

雪菜炒春笋，这经过严冬的老味，配新春新芽，用陈年之"鲜"撩时令之"鲜"，撩出心中不一样的滋味。唯雪菜之鲜可去鲜笋之涩，不经意间，胜老火腿、咸肉的九牛二虎的蛮劲，真是一味降一味。

"雨水" 两味

"雨水"日，如约，走颐和园西门。湖水半开，藻镜树影，亮倩莹绿，沙鸥立汀洲。

清冷颐和，顿现古意，有东坡《行香子·过七里濑》之韵：

> ……水天清，影湛波平。
> ……重重似画，曲曲如屏。
> ……但远山长，云山乱，晓山青。

一

西南有朋。云南友人寄来鲜蚕豆和香椿。

北京正春寒，云南已飞花。中国农历是黄河流域的时令。

蚕豆怎么吃好？不要你觉得我要我觉得——我觉得盐水煮好，放花椒和盐。

煮豆子我最爱放花椒，煮出来的豆儿，清香而淡雅。团结湖早年有一味"盐水鸭肝"菜，就是放盐、花椒葱姜煮，鸭肝清香细腻至极。

看过颐和园子，谁家的院子我也看不上了；远望西山青翠，山水隽美原来就在眼前。忍不住打油一首：

> 盐水蚕豆半尺牍，半遮颜面抗病毒，
> 颐和西山清且远，斗胆出行不英雄。

二

北京吃香椿要到四月底五月初。寒冷二月下旬，能有云南香椿尝，听听就口水暗涌。

吃香椿总觉不甚清雅，浓郁而有异香。二十五岁前不甚喜食。后有一次偶尝，惊愕香椿之香美胜于春韭。而且，吃香椿倒符合春吃芽儿时宜。

香椿最少有三吃：一吃香椿炸酱面；二吃炸香椿鱼；三吃香椿摊黄菜。

山东菜里有"酥炸"。"酥炸鱼条"是丰泽园名菜。丰泽园用老手艺调制酥炸糊。山东菜的"酥炸"和日本菜的天妇罗很相似。很有可能出自一辙。今天特别用日本料理天妇罗法炸了香椿天妇罗，也用老方法做了"酥炸香椿"。好像异曲同工。

老百姓到了春天采了芽菜，拍面粉做"鱼儿"，倒是亲切。香椿出芽儿，炸香椿鱼；花椒出芽炸花椒鱼儿；榆树出芽儿，炸榆树钱儿。这些个好味，用老百姓的法儿，做了才有味道——知味要知平常味。

想想，多少浮名，只不过是"君臣一梦，今古空名"。惟有那"远山长，云山乱，晓山青"。

春天的杨花小萝卜

徐城北有文章说汪曾祺的杨花萝卜，值得一看：

> 汪曾祺写文章夸耀自己家乡的小萝卜，因为是在杨花飞舞时节上市的，故称"杨花萝卜"。仅这一点，我就肯定是汪先生"编"的。江苏高邮的民众，不会如此看重"杨花飞舞"造成的意象，更不会有汪先生的审美闲情，绝不会把时令和萝卜放在一起。随后，汪先生在行文中继续"蒙"人，他说故乡小孩子经常一边吃小萝卜，一边唱着顺口溜：人之初，鼻涕拖，油炒饭，拌萝菔。

"萝菔"是高邮对于萝卜的叫法，这是汪曾祺在文中的注解。徐城北先生说，汪先生这一"自按"不是白加的，它为故乡的小萝卜增加了经典性。"更重要的是，汪先生把这一顺口溜当成了诗，上下左右的'天地'很大，于是读者心灵上的空间也很大，也就随着汪先生的笔触去驰骋了"。

文章读到这里，真是觉得汪曾祺雅，似觉看到汪老先生在厨房里烧小萝卜，有文艺氤氲味道。

吃杨花小萝卜让汪曾祺写成了一件雅事。

杨花小萝卜这两天开始上市了，有这样多的味道可以一边吃，一边回味汪曾祺。

杨花小萝卜可糖醋、可辣椒油炝、可青蛤炖汤、可瑶柱烧，最考验手艺的是素烧小萝卜。

生吃杨花萝卜，是对小萝卜义无反顾爱的表白。小萝卜生吃，脆甜嫩爽。大刀拍，刀下生花，红白相映。这怕是春天的第一朵花了。用醋酱油香油拌了，明艳动人。

小萝卜最好吃是就着炒饭吃。炒饭最寻常，寻常就泡菜，尤其泡菜里面的泡萝卜和莴苣，脆脆酸酸爽爽。春天吃炒饭就杨花小萝卜，简单里面是极致美味。

春天最应景是小萝卜炸酱面。炸酱面一年都有菜码，春天这二三四月，嫩黄瓜和小萝卜，最清灵。春天吃炸酱面还是要锅挑儿，浑厚热烈。不吃炸酱面，也可直接小萝卜蘸炸酱，小萝卜泠泠爽口，切切感觉春天来了。

北京的杨树吐蕊了。我站在马路的过街天桥上，仔细看了看，杨树花骨朵儿像蚕蛹的小样子，外面是茸茸的花苞。

如有一夜春风，杨树花就开了。樱桃小萝卜跟着杨树花，也就这几天的吃鲜。过后，只是留下小萝卜红唇皓齿样子，期待明年。

冻柿子配香草马爹利干邑白兰地枫糖浆

北京人讲究。四合院里种树，要种海棠、柿子、枣树、香椿、石榴，玉兰。深秋，霜重叶落。唯柿子红亮亮一直挂在枝头。

柿子要到春节前才摘下来，放在窗台上。柿子过了一冬，冻得梆梆硬。节后，把冻柿子拿屋里来，缓透，放在碗里托着。柿子汁香甜，真应了那句话：甘之如饴。

山东凯瑞的九零后美女厨师小丰，说用香草荚、枫糖浆和马爹利干邑白兰地调和的糖浆和柿子特别相配。

香草这样甜美的味道，上一代的大叔们，是再熟悉不过。小时候吃的冰棍里，就有香草的味道。但那个香草味肯定是提炼出来的香草精。后来才知道，让我们欲罢不能的冰棍是三精水做成的。

这孩子从家里带来自己腌渍的香草糖。锅里做水、放香草糖、枫糖浆熬煮浓稠，最后调马爹利干邑白兰地。

"香草马爹利干邑白兰地枫糖浆"，听名字味道很丰富。香草是甜美、激情和浪漫的，枫糖浆是雄浑的，再加上马爹利干邑白兰地的奔放和力量。春天本来应是一个清新的午后，这样的甜品，人一下子飞扬起来。

中国枫树是来作诗的，加拿大枫树是来做糖浆的。杜牧《山行》诗说：

> 远上寒山石径斜，白云深处有人家。
> 停车坐爱枫林晚，霜叶红于二月花。

诗的滋味远胜于食物。但甜味食物催生出的诗，更浪漫、风雅、快乐。

春季食甘，枫糖浆烧五花肉甜润肥美，
春天的花在心里开了

早春花要开了，还没开。正是乍暖还寒时候。春天时味多起来了，围绕着的都是"鲜"。除了口腹之欲，早春时节对身体的关爱，从暖胃养内开始，要少酸增甘，忌生冷粘杂。

春天食甘甜，有蜂蜜、枫糖浆、黑糖之属。

有蜜蜂就有蜂蜜。蜂蜜采各种花做蜜，蜂蜜花香迷人，爱食之人自是爱不释口。

枫糖浆不及蜂蜜多见，却以独到风味，在西餐中应用甚广。

枫浆、枫糖都是加拿大的特产，是甜而不腻的美食。枫糖浆味道香醇而且是纯天然制品。

可人的是，枫糖含有丰富饱满的矿物质、有机酸，不遭人恨的是热量比蔗糖、果糖、玉米糖、蜂蜜低很多，糖分含量约为66%（蜂蜜含糖量约79%-81%，砂糖高达99.4%）。它所含的钙、镁和有机酸成分却比其他糖类高很多，能补充营养不均衡的虚弱体质，在春季里，对于爱美的小姐姐们这点很重要。

对应中餐的冰糖圆蹄，"吃肉"餐厅的 Ernest Yan 师傅有一道"枫糖浆烧伊比利亚五花肉"，做法很简单：

1. 肉切大块，焯水。五花肉用白葡萄酒、法国大藏芥末、英国莫顿海盐，柬埔寨贡布胡椒腌渍 12 小时。

2. 枫叶糖浆和法国红酒醋、小干葱一起烧制糖浆 gastrique（即加热枫叶糖浆至 160℃，利用美拉德反应使之焦糖化，加入红酒醋调成糖浆汁）。

3. 五花肉淋上枫叶糖浆、马爹利白兰地，145℃ 半蒸烤 1.5 小时。取出五花肉，保温。

4. gastrique 加上焗烤出的肉汁、红酒醋和怀柔板栗做成浓缩汁，淋在五花肉上。

5. 配酥炸菠菜。

小丰同学也做了一道"枫糖浆低温慢烤加拿大三文鱼"：

1. 用枫糖浆、海盐、胡椒、味淋、新鲜生姜片、日本柚子酱油、新鲜百里香，腌 40 分钟。

2. 烤箱 55℃，烤 3.5 个小时，刷上枫糖浆，再烤半小时。

3. 配上用芒果粒、小干葱、番茄、水瓜柳、香菜、青柠汁拌的爽口沙拉，主食可以配用橙汁煮的 couscous（古斯米）。

这两道菜都有浓郁的枫树木的清香，枫糖浆烧五花肉甜润肥美，枫糖浆低温慢烤加拿大三文鱼则柔润香滑，配马爹利干邑白兰地或是加拿大威士忌，心中百花开了，开得姹紫嫣红，春日就渐渐丰满起来。

董正茂的菜园子有田园气象

京郊昌平区崔村镇南庄营村，董正茂的菜园子有田园味道。院子水塘里的大白鹅见有人进来，嘎嘎嘎伸着头叫。还有一只天鹅，黑色羽绒黑得透亮，原来天鹅绒就是这样形容黑的美丽。这些欢快的鹅引来了一大群灰大雁和野鸭子。

堂屋里，董正茂先生自己写的大字，挂在墙上。他写大字好多年了，习颜楷，字正腔圆。董先生说，他的字是颜体加汉隶，老师是张世忠先生。

当年张世忠先生为他挑选了颜真卿从年轻、成熟到辣熟，各时期最具特点的一百个字，让董先生悉心临研。他写横竖撇捺写了五年，初具气象。

董先生的姐姐董正贺在故宫做笔书工作，亦耄耋之年。他拿出一幅老先生的欧楷"气若幽兰"。这欧楷写得沉稳，点画劲挺，笔力凝聚，有欧阳询的气质。

屋子里挂了一幅《万有同春图》的复刻，一如其画卷的题目"万有"，将几十种花卉，按生长的不同时节、大小依次穿插，密密匝匝地整齐地排列在画面中。这幅画和屋里的盆景菜蔬相互应景，正是春天的气息。

董先生在这院子里喝茶写字。他是北京人，话挺多，但不吹，他说"吹"，就是嘴欠。能说出这话，也是明白人了。

喝了茶，吃了饭，我们去大棚。路过大片白桦林，有喜鹊登枝。

大棚里，雪里蕻新的一茬正茂盛，春天吃暴腌，也可以炒着吃，都有一股芥辣的味道，春天里这气息可以醒脑。掐下一撮茴香，茴香断茬处有浓浓的香气。茴香包子是老百姓的家常饭。

地里有很多野菜，特别高挑的是灰灰菜。总觉得野菜太难了，为了除恶必尽，很多菜地里大量使用除草剂，野菜难见天日。

紫龙萝卜有拳头大，从里到外，都是紫色，辣辣的，咬一口，嘎嘎脆。

草莓开了小白花，就着晌午的日头，鲜亮地开着。羽衣甘蓝开出黄色的小花，大自然真是神奇，羽衣甘蓝是紫色，花儿是黄色。这是对头色，开在一起，出奇的和谐美丽。

一处大棚里满是蒲公英。蒲公英圆圆绒绒的球，女生都爱吹蒲公英。如果有风，蒲公英就会随风飘走。去了哪里，不知道，反正到了哪里，哪里就是家。

太阳落下去了，呈现出橘红色。这么好的夕阳，却是回家的时候。

出门回望，有爱新觉罗·溥华的一幅对联：山川无恙叹前辈风流何处，台阁重新问苍穹英雄谁是。

王世襄先生说"鸭油"

"七九河开，八九燕来"。前些日子，去温榆河拍雪景，河水才化开，就有野鸭在河水里探春。春天的野鸭子可忙了，它要谈恋爱，它要孵蛋，然后带着小鸭子们在河里游泳。电视里有很多鸭妈妈们带着小鸭排队过马路、上台阶的镜头。鸭子看人，要转过头来，探头探脑的，春天里的小鸭子真是可爱。

野鸭子让我很是怜爱，也最是亲切。中国河流湖泊众多，有很多野鸭子的菜谱，只是这么多年来，我们越来越关注野生动植物的保护。野鸭子不知道是不是也列入了保护之列？我想过去的菜谱上，野鸭子的名馔会成为历史的遗迹吗？

各地菜谱，春天山东菜里有"风鸭"，夏天江苏菜里有"母油船鸭"，秋天四川菜里"麻辣野鸭"，冬天广东菜里有"姜母鸭"。在烤鸭店的菜谱里，专门有系列鸭子的"全鸭席"。

"全鸭席"除了烤鸭，鸭身上没有一点丢弃的部位。从头到鸭掌都有佳肴："卤水鸭舌""火燎鸭心""盐水鸭肝""青椒鸭肠""清炸鸭胗"，看得见的鸭舌仁做了名菜"飞燕穿星"，看不见的鸭油，做了鸭油蛋羹。名馔佳肴，数不胜数。

话说当年在团结湖烤鸭店请王世襄和启功先生尝"全鸭席"，鸭身上一个部位做一道菜，经理征求王世襄先生意见，王先生大声说好。末了，王先生说了自己对一道"糟烩鸭四宝"的见识，"这四宝，看得见的料儿，只有三种，分别是'鸭胰、鸭肝、鸭舌'，还有看不见的一物，是鸭油。做菜也要有实有虚，要留白，要给客人留有品味的想象"。这一说让大家佩服不已，王世襄先生美食大家的称呼不是虚谓。

　　鸭油菜在有鸭馔时，老百姓就会吃。用鸭油烙家常饼，比植物油更香；餐馆做拔丝苹果讲究用鸭油炸苹果的面糊，出丝长，挂糖均匀，效果比植物油好很多，其中奥秘，到现在也说不清。这是经验。

　　这都是不太久远的故事。

我第一次吃烤鸭

过去有句贬损厨师的话："厨子不偷，五谷不收"，还有一句"三年大旱，饿不死厨子"。这话从一个侧面说，在饭馆里，捏个嘴儿，是太正常的事了。

虽说是正常，捏嘴也不成体统。你见那个饭庄子，不管大师傅、小力巴、跑堂的随手捏嘴，嘴上不说，心里也会说一句，没规矩。

据说当年饭庄"掌柜的"有一个法子，让新来的学徒工放开肚皮吃三个月，吃腻了，就不捏嘴了。嘎嘎嘎，三个月下来不是吃腻了，是吃馋了。

八五年我去团结湖烤鸭店工作，烤鸭的香气弥漫在整个后厨房里。

去冷库取原料，要路过烤鸭厨房的开生间。这是比较偏僻的区域。有几次看见烤鸭师傅们在大吃烤鸭。我们是一般厨师又不是一个厨房，所以烤鸭师傅们并不理会你。我从他们身边穿过，闻着烤鸭的香气，口水咽了一口，又盈出一口。

去冷库取东西是矛盾的事，如果要取东西就必须去，可路过那个烤鸭厨房，烤鸭师傅们吃烤鸭的场景和香味，极具诱惑，我的口水会一口一口地溢出来，还要一口一口地咽下去，这太痛苦了。

终于有一天我又去冷库取东西，这一次是烤鸭厨房的一个小师傅，一人端了一只片好的烤鸭，一摞饼。当我走到他身旁的一瞬间，我俩四目相对，不知道是我的眼神里透露出来的贪婪或是渴望、还是嫉妒的仇恨眼神，感觉他身子一颤，不由自主说了一句，"你也一起吃吧"，我立刻放下手里端着的盆，狼吞虎咽地吃了起来。那种好吃没法形容，好像没有别的味道，只是浓艳的脂油香，只觉得是解恨地吃了一次烤鸭。

吃完烤鸭，一抹嘴走了。走得很快。心里像揣个小兔子，是兴奋，也是害怕。毕竟这算是"偷"。梁实秋说"馋"，是因为想吃而不得。偷吃的兴奋和害怕是吃了而不能被别人知道。我的这种体会有两次，还有一次是和"师娘"搞对象。

钟鸣鼎食不如山珍海味，粗茶淡饭不如过去的吃，过去的吃不如吃不着，好吃只存在想象之中。这在经济学里叫"稀缺"。

可否开一门经营学，内容是培养客人用餐时的一种"偷吃"的心态，这样可以大大激发个人的食欲。另外确实要在培养员工品尝美食上开动脑筋，想想办法。让他们看见美食无动于衷，杜绝捏嘴儿的恶习。

鸭子是幸福的，能被人们这样喜欢，这么爱吃，是一种生命的善报。

鸭子的伟大

鸭子是人类驯化的家禽。和其他家禽家畜一样，为人类的强壮身体和益智，提供了足够的蛋白质、脂肪、各种微量元素和美味。

鸭子伟大且无私。孙悟空西天取经经过九九八十一难。鸭子能成为中国美食第一味，那也是浴火重生，凤凰涅槃。

清明时候，北京西山山清水秀，以至海淀成皇家园林。北京鸭一身雪绒，天生丽质。有玉泉山水滋养，无比惬意。

小鸭子在三十五天的时候开始，每天要吃八顿饭，十天后，小鸭子一下子丰满起来了。所谓的丰乳肥臀，丰腴肥美，就是这时候。

鸭子长到七斤，就要走过生命将来时。鸭子宰杀后，要去毛。过去，去除鸭毛要人工用手撸。在开水锅里，撸三把，鸭毛就能撸干净，"三把鸭子两把鸡"嘛。然后再有女工用镊子择鸭茸毛。择完茸毛的鸭子，雪白干净，看着就是娇生惯养的，和湖鸭的粗壮不一样。北京鸭的绒毛做羽绒，是最好的绒。

去了羽毛的鸭子叫"白条鸭"。这时候白条鸭就要送到烤鸭店了。在烤鸭店要经过"开""烤""片"三大工序。

"开"，是"开生"。这个工序里，先要从翅膀下切一个一寸长的小口子，从这个小口子里把内脏的胗、肝、心、肠掏出来。而且不能掏挤碎。这个小刀口叫"腋下开"。

清洗干净内脏后，要给鸭子打气、上色、风吹、冷冻。等到烤鸭之前，再从冷库里取出，再次风干。就可以入烤炉烤鸭子了。

鸭子入烤炉，要烤一小时二十分钟，这是"烤"。在这漫长的时间里，鸭子经过了什么，只有鸭子知道，其实烤鸭师也知道。挂炉烤鸭炉，炉门有烧着的火，过去讲究用枣木。鸭子在烤炉里，人在烤炉外，中间隔着这火。烤鸭师一般都不穿内裤。夏天烤鸭子，汗顺着脊梁流过屁沟子，把裤衩子洇透，贴在屁股上。那还是别穿了。鸭子在烤炉里一分钟一分钟的变着颜色，由粉红慢慢橙红，再后就是枣红色。烤鸭师在烤炉外，流着汗。鸭子烤熟了，烤鸭师傅的汗也流干了。烤鸭厨房里，最壮观的是桌子上摆放着一大堆搪瓷缸子，泡着茶叶。烤鸭一般是换着人烤，每人烤一炉，一个半小时。烤一炉鸭子，换一个人。烤一炉鸭子，出透一身汗，一天要出透几身汗。

鸭子熟了，红莹莹的好看，然后烫烫的"片"。可以码盘，也可以不码盘。不码盘，趁热吃，香。

烤鸭大宅门里能吃，小门小户也能吃。有钱了，就着鲍鱼海参吃，没钱了，小萝卜蘸酱也吃得津津有味。

看中国美食，能拿的出手，招待国宾和亲家的，唯有烤鸭。

鸭子有个心愿，就是再上架子，不要让人赶。它说要自己努力向上，眼界在高点。

大董葱爆烤鸭

吃过几次烤鸭，难免有些腻烦。特像两口子"七年之痒"。没有热恋时的耳鬓厮磨，新婚燕尔的激情，左手摸右手，啥感觉都没有了。有些人甚至很长时间没吃过烤鸭了，这更像是无性婚姻。

在团结湖烤鸭店，我们吃过最多的，是鸭架子。鸭架子炖白菜、红烧鸭架子、鸭架子炖粉条。

热菜厨房经常吃前厅服务员拿来客人吃剩下的鸭肉。几盘儿剩鸭肉折箩在一起，拿大葱、甜面酱爆炒，够几个人使劲吃一顿的。

吃折箩烤鸭一般在晚上快下班之前。这时候营业高峰过去了，有一些剩鸭肉，服务员会端到厨房来，同时把甜面酱和葱丝端过来。服务员端鸭肉来，不是给厨师吃，是让厨师帮着炒了，一起吃。

大葱甜面酱炒鸭肉，我认为是最好吃的烤鸭。做法很简单，锅里下底油略微煸炒大葱，接着放烤鸭片，炒热就可以，这时候放甜面酱，如果过于浓稠，可放料酒和一点姜水。

炒好的烤鸭可以就米饭吃，也可以用荷叶饼卷着吃，空口吃最过瘾。

大葱炒烤鸭肉为啥好吃呢，一是保留了烤鸭的吃法，有葱有甜面酱，二是大葱经过一炒，去除了葱辣臭，是葱花的香气，三是刚炒出来很热，香气浓郁。这种吃法后来上了烤鸭店的菜谱，这是烤鸭的一种高妙吃法。二十世纪八九十年代，我们这些厨师能时不时的吃上一顿折箩鸭子，是不错的待遇呢。有鸭子吃足以让待业青年托关系去烤鸭店求职。现在讲卫生，是不允许吃折箩菜的。生活条件好了，员工们也不吃这些折箩菜。

吃烤鸭最过瘾的吃法是烤鸭刚出炉，直接切下鸭大腿，蘸甜面酱，举着大嚼！这种吃法香气喷鼻，油香溢顶。曾经一位烟草公司的老领导是个生活大家，烟酒茶吃样样在行，他吃烤鸭只让片鸭师傅，片大块，站着，直接夹起来，蘸酱吃，有时候看见油顺着嘴角流下来。

对吃喝老先生有一套理论，所谓人生的大彻大悟，一定要中流击水，大开大合，大口喝酒大口吃肉，激烈而后温润，再细嚼慢咽，风度翩翩。

鸭肉是好食材，温润不燥，适合老人小孩，曾经鸭子是宫廷里的珍馐，说乾隆一个月吃了十几次鸭子餐。

我有一个理论，烤鸭是恩格尔系数，衡量一个国家的富裕程度。从有烤鸭始到二十世纪八十年代，对老百姓而言都是奢望。听一个领导讲，有人给他送烤鸭，他也不知道怎么吃，就在家把烤鸭蒸了，撕吧撕吧吃了，吃得不亦乐乎。

现在烤鸭馆子开得遍地都是，老百姓吃烤鸭是寻常事。过去吃烤鸭仰脸吃，现在是低头看。有钱了，啥都不是事。但品味是自己的人生体会，吃过才有体会，才会吃。

烤鸭好吃，可以变个吃法，比如用大葱甜面酱炒食。会有新感悟。

一夜醒来，雨平平仄仄地下着

一夜醒来，雨平平仄仄地下着。这是春雨，也是今年的第一场雨。雨有很多种，甘霖、睿霖。甘霖为及时雨，睿霖是聪明的雨，庄稼缺水，才落雨。淫雨霏霏则是雨的滥觞。

杜甫诗《春雨》说的是睿霖："好雨知时节，当春乃发生。随风潜入夜，润物细无声。"

春雨天，凉意深沉，穿棉衣还要裹紧。南新仓玉兰花的苞蕾，比前几天大了不少。桃花树未见花开，远看树变了颜色，如施了粉黛。

日料"高仓"的老板娘、漂亮的表姐来教我做一款可以热着喝的红酒。

任选一款红酒，在加热壶中煮肉桂、丁香、香叶、八角、橙子、苹果、蜂蜜、郎姆酒，最后加马爹利干邑。

这酒煮了，去了酒气，留了香气。肉桂香气最浓郁，深入肺腑，觉得内腹的浊气，都能逼出来。天深沉人也深沉，深沉天喝酒，舒情发志，往往能成就大文章。苏东坡眉山老家有词人手迹《浪淘沙·大江东去》，前文行楷，后逐渐行草，我想是词人喝了酒写的，词人在酒力推作下，抒发情志，豪气大焉。

酒是催情物，不同人才智高低，诗文也不同。明朝大学士谢缙有一打油诗，也是有趣，"春雨贵如油，下得满街流，跌倒我学士，笑煞一群牛。"

春天伤情可和秋天比拟。春天惜春，怀春。秋诗伤悲，最是李清照的《声声慢·寻寻觅觅》："寻寻觅觅，冷冷清清，凄凄惨惨戚戚。"

这款热红酒可以一入冬就喝，当然天冷的时候，或者身体寒虚的时候都可以喝。

春日阴郁天最适好。喝热酒，情绪会热烈起来。人的高志平和才是最佳的酒。"等闲识得东风面，万紫千红总是春。"

麻雀们在枝头上欢快地叫，叽叽喳喳，跳来跳去。鸟儿们不会作诗，却知道春天来了，春天是欢快的时候。

山气日夕佳，飞鸟相与还

从朝阳门南小街南口往北走，一条大街走到头，就到了平安大街。一边走一边踅摸，金鱼胡同怎么没看见呢。后来问董克平老师，才知道金鱼胡同改为金宝街了。这条大街很宽，中间有隔离带，两边是三车道的车行线。从两边的胡同口看进去，老北京胡同里的样子还都在。只是进不去，胡同口有戴着红箍的人看着。熟悉的人量一下体温，不熟悉的人要看身份证。

这条街上有一个礼士胡同。北京市财贸干部管理学院就在里面，现在也搬到通州区。南小街和朝阳门内大街交汇的东南角有一家门丁肉饼店，我在财贸干院上学的时候，经常和同学去吃肉饼。

那天走到南门仓胡同西口时，天近黄昏，夕阳西下，一群鸽子带着哨音 reng ~ reng ~ reng ~，在低垂的光晕里一圈一圈地飞。

"燕京小八景"之一的"银锭观山"，是从连接后海到前海的银锭桥上赏西山美景。没有雾霾天，西山清晰，景色绝佳，旁边烤肉季里有一幅费孝通先生题词："银锭桥观山一景，烤肉季烤肉一绝"。从银锭桥看西山，看的是"西山霁雪"。其实从银锭桥看夕阳西下，才美。夕阳下，前海一片金红，或有野凫（fú）犁开金波，或有鸽子低飞。红彤彤的太阳落山后，野凫和鸽子都玩累回家了。这两幅图片叠影在一起，是摄影里面的双重曝光。我把两幅画面，记混了，但觉得这就是老百姓脑中北京。鸟儿们回家了，人们也回家了。出去就是为了回家。

晚餐是春天的油焖大虾和醋溜白菜。油焖大虾是桃红色的，艳艳的鲜亮。油焖出来的虾脑油甜中有咸，咸中有鲜，和在大米饭里，口水像春天的桃花一样灿烂。当然还有醋溜白菜，都是想象中的好。回家的饭真好吃。

这些比想象中的画面还美。

鸭为什么命名为鸭呢 [1]

鸭为什么命名为鸭呢？

鸭与鸡、鹅一样，因其鸣叫声而命名。

鸭声短促，声中似有嘀嗒，所以"鸭"字古音在"影"组"叶"韵，拟读 eap，是入声。人们常把说起话来喉咙里总像噎着什么似的人叫"公鸭嗓"，正说明鸭叫时有"噎"的发音。

"鸭"与"鸦"在古音有别，"鸦"字是"影"组"鱼"韵，拟读 ea，平声，没有一个闭口的 p 韵尾断后，细听鸦叫，声音可以延长，不似鸭声那么让人感到压抑。

《广雅》说："凫、鹜，鸭也。"凫是野鸭，鹜是家鸭。在动物的定名上，他们的区分是严格的。《春秋繁露》记载：有一次，张汤问董仲舒：祠宗庙的时候，有人以鹜当凫，是否可以？董仲舒说："鹜非凫，凫非鹜，窃以为不可。"可见，家鸭与野鸭祭祀时在名分上是不可错的。

鹜是家鸭，可资证明的训诂材料很多。《仪礼·士相见礼注》："庶人之挚鹜。"《尔雅·释鸟》舍人注："鹜，家鸭名也。"《周礼·大宗伯》之疏更明确地说："鹜即今之鸭。"《礼记·曲礼》注说得更清楚："野名曰凫，家名曰鹜。"这似乎已经可以定论了。

坏在唐代著名诗人王勃脍炙人口的《滕王阁序》的名句上。王勃写道："落霞与孤鹜齐飞，秋水共长天一色。"能飞的当然不是家鸭，"鹜"的所指因此又成了问题。

---

[1] 资料来源：
  1. 万凌：《说鸭》,《中国烹饪》1989 年第二期
  2. 胡赳赳：《说鸭》

其实，鹜还是家鸭，因为驯养的家鸭两翅退化，行动舒缓不能飞翔，所以又称舒凫（正如鹅又称舒雁）、家凫；而野鸭又可称野鹜。

文学作品里由于声律和修辞的原因，鹜与凫的称谓不那么严格，往往通用或互用。除《滕王阁序》外，年代更久的楚辞名篇《卜居》有"宁昂昂若千里之驹乎，将泛泛若水中之凫……宁与黄鹄比翼乎，将与鸡鹜争食事"，也以凫、鹜互用。说的是宁愿昂然如同千里马呢，还是如同普普通通的鸭子随波逐流……宁愿与天鹅比翼齐飞呢，还是跟鸡鸭一起争食呢？

鸡鸭鹅驯化的时间可能在一万年前就开始了，到夏商周趋于成熟。也出现了成熟的文字命名。鸭最早写作甲，后加鸟旁，分化出单指鸭，可能与其叫声"呷呷"有关。鸡、鹅也与各自叫声有关，不过鸡的声音是小鸡的叫声，"奚"有手抓丝捆为奴之意，故"鷄"便指将野鸡驯化。鹅的叫声"哦哦哦"，便以"我"字作为其声旁造字。鸿雁是野鹅，后驯化为家鹅。

虽然说鸡、鸭、鹅都是禽类驯化，但经过进化的选择、文化的洗礼，吃起来又别是一番滋味。家禽和粮食一样，因为可以充当食物，于是使得人类花大量时间饲养它们。所以说，到底是谁驯化谁，还真是说不准呢。

表姐的"纽约百香果芝士蛋糕"

　　张钛格的妈妈，女生味儿十足。自从疫情闹起来，钛格妈妈自我隔离，健身加厨艺。昨天来大董美食学院做蛋糕，穿个小短裙，高腰皮靴，一袭扎腰翘边薄纱小袄，翘翘的马尾扎，鹅蛋脸，带着春风来的。后边跟着老公，拿着做蛋糕的食材。张钛格前前后后围着妈妈绕，爸爸说，不要缠着妈妈，钛格委屈地说，妈妈漂亮，我愿意和妈妈在一起。

　　钛格妈妈就是表姐。

　　餐厅总厨有几怕，其中，老板懂吃会做，表姐就是这样的老板。懂吃，还能亲手做，尤其做蛋糕，堪比西餐厨师。

　　去年有一次，有个朋友过生日，表姐做了一个流心蛋糕给祝贺生日，那一次蛋糕做得真是惊艳，大家分而食之，愣没剩下。

　　昨天大董美食学院邀请表姐做烘焙直播。表姐做了一款"纽约百香果芝士蛋糕"。动作流畅，有条不紊。

　　蛋糕底：奥利奥巧克力饼干110克，熔化无盐黄油40克。

　　蛋糕糊：奶油奶酪500克，酸奶油200克，细砂糖30克，淡奶油60毫升，柠檬皮碎少许，蜂蜜60克，玉米淀粉20克，全蛋液120-130克，蛋黄40-50克，香草精一勺。

　　蛋白霜：蛋清90克，砂糖60克。

　　150℃烤制50到60分钟水浴制法：

　　①饼干擀碎加融化后的黄油拌匀，放入八寸蛋糕模具中，压实放入冷藏备用；

　　②奶油奶酪隔热水拌匀顺滑无颗粒，加入酸奶油、细砂糖、淡奶油、

蜂蜜、柠檬碎，加入过罗后的玉米淀粉搅拌匀，全蛋和蛋黄要分三次加入搅拌匀，最后加入百香果汁和香草精备用；

③蛋清分三次加入砂糖，打发到拉起大弯勾即可；

④把打好的蛋白分三次，用炒拌的方法加入②中，拌匀后即可装入八寸蛋糕模具①中，用水浴的方法上下 150℃ 的温度，烤 50 到 60 分钟，烤制完成后放凉，进冷藏六小时备用。出餐时上面可装饰奶油和百香果粒或根据自己喜好加各种口味果酱。

蛋糕要放冰箱里六个小时。

这六个小时怎么过去圆明园啊？对，一行人去了圆明园。走了三个小时，一个个的累得够呛，回来正好吃"百香果芝士蛋糕"。

表姐说这个蛋糕一定要冷着吃，有冰淇淋的口感。芝士味道香浓，吃起来轻柔爽滑，舌尖触感犹如丝绒般的细腻，百香果汁和柠檬皮可以让蛋糕香而不腻。

我家市场部经理四希说，我今天真的开始佩服表姐了，她真的是有真材实料的人，有想法，对食材的了解程度、菜品研发能力，真的挺厉害。嘎嘎嘎，一句话里，用了三个"真的"。

表姐这款蛋糕里百香果的籽，吃在嘴里，像春天的鸟儿叫，清脆有声。柠檬汁的清香能感受春天的清爽。我是喜欢吃甜品的，尤其是在春天的这个时候。

惊
蛰

若到江南赶上春，千万和春好

惊蛰前五天，一场春雨后，东二环的迎春花开了，这是北京春天里的第一花。

在众写惊蛰的诗中，宋代舒岳祥《有怀正仲还雁峰诗》最有意境："一鼓轻雷惊蛰后，细筛微雨落梅天。"我喜欢诗句里的"筛"字，雨细如粉，拂面温柔。这雨后第二天，花就开了，像是相互约好了，要结伴来。

东二环的迎春花，还没怒放，但已饱满明艳了。还有半含的苞，迎着阳光，伸着蕾。春天是什么？对老同志来说，春天是夕阳西下次日八九点钟的太阳。看着明媚的迎春花，恨不得伸开双臂，再怒放一次。

惊蛰后，将是春明景和，农田播种，书院读书。一年的好光景，都从春天开始。看着骄艳的迎春花，心生感慨，感慨"读书太少，英语不好，结婚太早"。

迎春花开了，玉兰、桃花、梨花、杏花、海棠，将会次第花开。昨天又去了圆明园。圆明园的迎春花，只是零落的开了几枝，花儿在疾风中畏缩着。春天在圆明园似乎来得晚。每个人都有自己的春天，来得早来得晚而已。

晚上，吃了火锅，都是春天的菜。小萝卜好吃，红皮养眼，这分明就是春色。萝卜缨炝了，更是清新。还有四川的儿菜、菠菜、春笋、芦笋。三月的羊肚菌，如约而至。以及去年的酸菜、熏笋，对了，还有焖了的大对虾，像桃花一样，却又豌豆绿色。

想起宋代王观《卜算子·送鲍浩然之浙东》有云："才始送春归，又送君归去。若到江南赶上春，千万和春住。"

我把最后一句改成了：若到江南赶上春，千万和春好。

向汪曾祺学"句号"

从没想过在现代传媒如此娱乐化的今天,网上以及各种评论会那么隆重地纪念汪曾祺。他没有被忘却,是人格与文字的魅力。

他被誉为"抒情的人道主义者,中国最后一个纯粹的文人,中国最后一个士大夫"。汪曾祺先生在短篇小说创作上颇有成就,对戏剧与民间文艺也有深入钻研。他可谓是一个奇迹——在江青身边做御用编剧,文革后却安然无恙。只能说他用文字征服了读者。或许也是要在江青这条线上,有一个鲜明的个性人物做出对比。

我尝试写美食文章,很多朋友给予过指导。当然看的最多的是汪曾祺的文章。一开始,是从他的文章里寻找时令菜的设计灵感,后来却被他的文字吸引住了。

美食文章如何写?看汪曾祺的美食小品就好。

一、汪曾祺的文章不拖泥带水

比如《五味》里写各种味道的转合承接,先从"山西人真能吃醋!"开始写:

> 山西人还爱吃酸菜,雁北尤胜。什么都拿来酸,除了萝卜白菜,还包括杨树叶儿、榆树钱儿。辽宁人爱吃酸菜白肉火锅。北京人吃羊肉酸菜汤下杂面。福建人、广西人爱吃酸笋。

看下面从酸转写甜——

延庆山里夏天爱吃酸饭。把好好的饭焐酸了，用井拔凉水一和，呼呼地就下去了三碗。

都说苏州菜甜，其实苏州菜只是淡，真正甜的是无锡。无锡炒鳝糊放那么多糖！包子的肉馅里也放很多糖，没法吃！

天南海北，各地方吃酸，一笔带过，却又生动带有画面感。从酸到甜，一点不拖沓，一下子就转过来了。

二、汪曾祺的文章细致亲切

平常食用，一般都是敲破"空头"用筷子挖着吃。筷子头一扎下去，吱——红油就冒出来了。(《端午的鸭蛋》)

卖熟豆汁儿，在街边支一个摊子。一口铜锅，锅里一锅豆汁儿，用小火熬着。熬豆汁儿只能用小火，火大了，豆汁儿一翻大泡，就"澥"了。(《豆汁儿》)

三、汪曾祺的文字诙谐幽默自然

杨花萝卜即北京的小水萝卜。因为是杨花飞舞时上市卖的，我的家乡名之曰"杨花萝卜"。这个名称很富于季节感。(《萝卜》)

江青一辈子只说过一句正确的话："小萝卜去皮，真是煞风景！"(《萝卜》)

长沙火宫殿的臭豆腐因为一个大人物年轻时常爱吃而出名。这位大人物后来还去吃过，说了一句话："火宫殿的臭豆腐还是好吃。"后来火宫殿的影壁上就出现了两行大字：最高指示——

火宫殿的臭豆腐还是好吃。(《豆腐》)

四、汪曾祺的文章有技巧吗？

有，他的文字之美在于他对食之美的切身体会。

在汪曾祺几十年的笔墨生涯中，有一部十分奇特的作品——《中国马铃薯图谱》。1961 年春天，刚刚摘掉右派帽子的汪曾祺一时没地方去，就留在了沙岭子农业科学研究所协助工作。所里交给他一项任务，到设在沽源的马铃薯研究站画一套马铃薯图谱。

接到任务后，汪曾祺每天一早起来，就到马铃薯地里掐一把花、几枝叶子，回到屋里，插在玻璃杯里，对着画它。他曾写过一首长诗，记叙这段漫长单调的生活，其中有两句是："坐对一丛花，眸子炯如虎。"这样他居然真的画成了《中国马铃薯图谱》，可惜的是书稿在"文化大革命"中被毁了。

看这段文字，汪曾祺已然是个专业的美食研究家了。而且，他是那么贴近生活，深知美食三昧。

每到一处，他都要去那些小街偏巷，品尝地方风味和民间小吃，每每陶醉其间，自得其乐。他说："我不爱逛商店，爱逛菜场，看看那些碧绿生青、新鲜水灵的瓜菜，令人感到生之喜悦。"

文人爱美食，古来有之，但懂美食，且能食出心得，远有苏东坡，近有汪曾祺。

五、汪曾祺的戏曲编剧造诣

汪曾祺参与改编的《芦荡火种》(后来的《沙家浜》)阿庆嫂的唱词，不仅仅是现代京剧的经典，亦成为餐饮服务业祖师爷的教导：

垒起七星灶，铜壶煮三江；摆开八仙桌，招待十六方。来的都是客，全凭嘴一张；相逢开口笑，过后不思量。人一走，茶就凉。

六、汪曾祺的"句号"

在体会汪曾祺文字前，有一时期，我写美食体会，总堆砌词藻，生怕文字不够美丽。这一点要感谢胡起起老师，他说要多看汪曾祺先生的美食文章，句子要尽可能短。读者不会看不明白。我仔细看汪先生的文字，短句子多，恨不得一句一个句号。

谢谢短句子，越看越美，越看越耐人寻味。

七、我记住的汪曾祺的遗言

汪曾祺在生命的最后时刻，和女儿说："老天爷呀，让我再喝口茶吧。"等女儿端茶来，老先生已经去了。

八、扬州汪曾祺家宴

去年去扬州，陈万庆先生请吃饭，他是扬州瘦西湖旅游度假投资管理集团董事长。桌上，有一道汪曾祺家乡的"汪豆腐"。如汪曾祺所写："豆腐切成指甲盖大的小薄片，推入虾子酱油汤中，滚几开，勾薄芡，盛大碗。"这道菜吃得特别亲切。

陈总说，扬州在着手做"汪曾祺家宴"。我觉得这是善莫大焉事。可让喜欢汪先生文章的朋友，在文字以外、美食中间寻访汪曾祺的人文世界与情怀，可以更真切地体会文字里所触发的生活场景。使汪先生所宣扬的生活得以再现："向往宁静、闲适、恬淡的心理定势，追求心灵的愉悦、净化和升华。"

以下是我摘录的汪曾祺经典语句，或许重读汪曾祺，就是对他最好的纪念。

四方食事，不过一碗人间烟火。(《四方食事》)

在黑白里温柔地爱彩色，在彩色里朝圣黑白。(《人间草木》)

人到极其无可奈何的时候，往往会生出这种比悲号更为沉痛的滑稽感。(《人间草木》)

人生如梦，我投入的却是真情。世界先爱了我，我不能不爱它。(《人间草木》)

外面的世界很精彩，我的世界很平常。(《一辈古人》)

无聊是对欲望的欲望，我的孤独认识你的孤独。(《人间草木》)

愿少年，乘风破浪，他日毋忘化雨功。(《岁月钟声》)

语言的目的是使人一看就明白，一听就记住。语言的唯一标准，是准确。(《岁朝清供》)

人总要呆在一种什么东西里，沉溺其中。苟有所得，才能证实自己的存在，切实地括出自己的价值。(《一定要，爱着点什么》)

世界先爱了我，我不能不爱它，只记花开不记人，你在花里，如花在风中。那一年，花开得不是最好，可是还好，我遇见你，那一年，花开得好极了，好像专是为了你，那一年，花开得很迟，还好，有你。(《人间草木》)

我觉得全世界都是凉的，只我这里一点是热的。(《蒲桥集》)

世间最为普通的事物，平中显奇，淡中有味。(《人间草木》)

一定要爱着点儿什么，恰似草木对光阴的钟情。(《人间草木》)

浊酒一杯天过午，木香花湿雨沉沉。(《一定要，爱着点什么》)

我们有过各种创伤，但我们今天应该快活。(《生活是很好

玩的》)

积雨之后，山水下注，流过石面，淙淙作响，有如梵唱，流水念经，亦是功德。(《一定要，爱着点什么》)

逝去的从容逝去，重来的依旧重来，在沧桑的枝叶间，择取一朵明媚，簪进岁月肌里，许它疼痛又甜蜜。(《人间草木》)

世间万物皆有情，难得最是心从容。(《人间草木》)

人世间有许多事，想一想，觉得很有意思。有时一个人坐着，想一想，觉得很有意思，会噗哧笑出声来。把这样的事记下来或说出来，便挺幽默。(《彩云聚散》)

许多东西吃不惯，吃吃，就吃出味儿来了。(《岁朝清供》)

他平平静静，没有大喜大忧，没有烦恼，无欲望亦无追求，天然恬淡，每天只是吃抻条面、拨鱼儿，抱膝闲看，带着笑意，用孩子一样天真的眼睛。(《一定要，爱着点什么》)

窝头白菜，寡欲步行，问心无愧，人间寿星。(《一辈古人》)

四处走走，你会热爱这个世界。(《生活是很好玩的》)

愿意做菜给别人吃的人是比较不自私的。(《老味道》)

在一起时，恩恩义义；分开时，潇潇洒洒。(《八千岁》)

来从虚空来，还归虚空去。往生再世，皆当欢喜。点灯说话儿，吹灯做伴儿，清早起来梳小辫儿。(《受戒》)

是有路的地方，我都要走遍。(《复仇——给一个孩子讲的故事》)

人不管走到哪一步，总得找点乐子，想一点办法，老是愁眉苦脸的，干嘛呢！(《人间草木》)

他的躯体是老了，不再有多大用处了，但他身体内有某种东西却是全然年轻的。(《老味道》)

我在家里宅，你却在江南，
让我动了心思的江南阳春面

阳春三月，应该去江南了。江南这时候，莺飞草长，光鲜亮丽，正见精神。

"阳春"二字，令人想到苏州的面。陆文夫在《美食家》里专门有写，他至少说了两个意思，一是吃的讲究：

> 同样的一碗面，各自都有不同的吃法，比如说你向朱鸿兴的店堂里一坐："喂！来一碗××面。"跑堂的稍许一顿，跟着便大声叫喊："来哉，××面一碗。"那跑堂的为什么要稍许一顿呢，他是在等待你吩咐吃法：硬面，烂面，宽汤，紧汤，拌面；重青（多放蒜叶），免青（不要放蒜叶），重油（多放点油），清淡点（少放油），重面轻浇（面多些，浇头少点），重浇轻面（浇头多，面少点），过桥——浇头不能盖在面碗上，要放在另外的一只盘子里，吃的时候用筷子攘过来，好像是通过一顶石拱桥才跑到你嘴里……如果是朱自冶向朱鸿兴的店堂里一坐，你就会听见那跑堂的喊出一连串的切口："来哉，清炒虾仁一碗，要宽汤、重青，重浇要过桥，硬点！"

其二是吃要吃头汤面：

> 一碗面的吃法已经叫人眼花缭乱了，朱自冶却认为这些还不

是主要的；最重要的是要吃"头汤面"。千碗面，一锅汤。如果下到一千碗的话，那面汤就糊了，下出来的面就不那么清爽、滑溜，而且有一股面汤气。朱自冶如果吃下一碗有面汤气的面，他会整天精神不振，总觉得有点什么事儿不如意。

吃的艺术和其他的艺术相同，必须牢牢地把握住时空关系。

曾经被这段文字诱惑着，去了苏州。

这是多少年前的事，我还在北京市朝阳区饮食服务公司。公司调研面条，由公司副总带队，有主管业务的一个女科长，还有平壤冷面馆的经理，我们一行五人去苏州。公司副总是个优雅的姐姐，经理姐姐爱干净，吃饭讲究。大家一起吃饭，必须用公筷。哪个人用自己筷子夹了菜，她就不会再吃了。我们大家都知道她的这个习惯，每次吃饭都让她先夹菜。

到了苏州，去了一家面馆。我想我应该请领导姐姐和大家吃顿饭，男生应该主动。于是我看着挂在墙上的黑板，一边用商量的口气和大家介绍着，一边就点了面。面的品种很多，都想尝尝，想到经理姐姐爱干净的习惯，干脆就一样一碗，五人五样吃法。

一会儿面端上来了，小小的八仙桌，二十五碗面摆满了一桌子。看着这么一桌面，苏州人好生奇怪，心想这些人是不是饿急了。经理姐姐脸色慢慢沉下来，那叫一个气呀。这是多么没面子的事啊。

多少年后结识了苏州美食大家华永根先生。有一次去苏州，先生请吃面。有各种浇头，先生特意给我叫了一样大排面。一碗光面，顺顺溜溜，细面如玉，小葱如翠，特别漂亮。先生指导说，大排在面下，要吃热的大排。我把大排吃了，先生又加了一块，说男子汉要吃两块。

阳春面，又称光面或清汤面，是指一种不加任何菜肴配料而只有汤的面条。

昨天公司正好有"故城龙凤贡面"和前些日子从澳门带回来的虾子，享受了一下自己的手艺。吃这碗三月的阳春面，要说河北衡水故城的非物质文化遗产：历代贡品——龙凤贡面。"三仟锦龙凤贡面"是故城龙凤贡面其一。他家的面还是明宣德年间传统制面工艺的老配方。现在用延展性更好的日本面粉，配故城当地的土元散养土鸡蛋、手工麻油以及无碘井盐，超长时间醒面，纯手工拉抻。

他家的面有龙须和凤尾。龙须，细如发丝，只取挂面的中段，质感细滑带韧，一分钟即熟，适合汤面。凤尾，呈微扁扇子状，只取挂面的头部，出成率只有龙须的十分之一，质感筋道爽滑，适合拌面。

做阳春面，必不可少的是大油，和那口鲜汤。大油是这碗面的灵魂，香气扑鼻和回味都来自于此。除此，汤要清，清是清明，清是清爽，清才是阳春面的本味。

我在这碗面里加了虾籽，我想让这碗面，有更多的故事。

面吃了，汤喝了，碗底是厚厚的一层虾子。幼幼小小，却又依稀可辨。我想每一个虾子，都是一个故事。

一碗用了心思的阳春面，做法材料虽简单，味道却让人梦回江南。

春日食鸭养生大法

中国人讲食补，我半信半疑。尤其以形补形，全然不信。我自觉所谓养生应为：

> 吃饭八成饱，五谷杂粮好。
>
> 鸭肉中性药，鱼蟹蛋白高。
>
> 少脂多瘦肉，清淡最为妙。
>
> 随时随节吃，菜蔬鲜且娇。
>
> 七大营养素，都要照顾到。
>
> 抽烟为装酷，百害无利好。
>
> 适当做啪啪，八十不觉老。

严冬和酷暑，对今人来讲是两个平常词汇。对古人讲，就是严酷。度过漫漫寒冬是大幸，所以要欢欣鼓舞。于是春日修契事，要"金羹玉饭红腊紫梨"。

"金羹"就是鸭子。春天食物尚未从匮乏中冒头，春笋、春芽、春鸡、春鸭，之所以鲜美，我想有匮乏之故。加之一年之初，气机发动，乃食觉其鲜。

鸭，也就是凫和鹜，不论家鸭和野鸭，春天都是最先与春笋、春芽感知太阳的光辉，吸纳初盛的春水，生长繁殖。

鸭与人类的进化相伴，如影随形。仅从食物角度来讲，是人类重要的蛋白质来源。

鸭在世界烹饪中也有诸般美味。

如法餐有鸭肉批（Duck pate）、榨血鸭（Pressed duck）、油封鸭（Duck confit）、香橙鸭胸（Duck a laorange）。

中国则更是数不胜数，大众耳熟能详，如北京烤鸭、南京盐水鸭、四川樟茶鸭、江苏三套鸭、苏沪八宝鸭、广东烧鸭等。

中国人还相信鸭肉比较温和，以及鸭子有食补作用。说鸭肉性甘、略冷，热病炎症者宜食之，胜过食鸡，尤以黄雌鸭最胜。白鸭又比黑鸭肉更佳，可以补虚，除客热，和脏腑，解丹毒。白鸭与大枣合煮，加以陈酒，称作向风膏，对去腹水有奇效。黄芪鸭子更是著名的食疗佳肴。

惊蛰梨和老白母鸭同煮，加黄芪蜂蜜、老黄酒老姜，为最佳味食。

梨，一般做秋梨，秋梨膏。秋天略感风寒，取秋梨一只，切块，和冰糖蜂蜜同煮，可去肺阴湿。其实在惊蛰前后最宜吃秋梨，春天言"惊蛰梨"。

昨日，北京金星鸭场宰老白鸭，为限产举措，公母各十只送我。我做几方老鸭菜式和大家分享，疫情期间，聊胜于无。

或煮以大白萝卜、春笋，便是所谓"惊蛰三白"。还有陈皮老鸭汤，亦是滋补妙品。

惊蛰之后，从春江水暖中复苏的"鸭先知"先生，就更能繁衍壮大了。

"春吃芽、夏吃瓜、秋吃果、冬吃根"

立春吃春盘，东坡有诗"雪沫乳花浮午盏，蓼茸蒿笋试春盘"。春盘里都是春的消息。

早春，大地萧寒。人们发春豆，吃芽豆，绿豆芽、黄豆芽、豌豆芽、蚕豆嘴儿。期盼春天早来。

仲春二月，"春洲生荻芽，春岸飞杨花"。诗句里的春天花开了，浓艳了。有上海朋友传来图片，桃花开，李花白了。

花开，芽发，冰融。春色浓郁，春芽生发。

这几天北京能吃到香椿了，是紫色的，味浓郁。香椿是云南来的。

北京吃到本地的香椿，要到四月底呢。有一年朋友带我去迁西摘香椿，早去了两天，香椿还没冒芽。

"碧螺虾仁"是苏州名菜。用吴县洞庭东山所产碧螺茶烹饪。春茶清香，清雅怡人。

"蒌蒿满地芦芽短"，前几日给扬州陈万庆总打电话，问可否找找芦芽，今天打电话来，长江封江。这些年只听芦芽名，一直未识芦芽味。

北京四月底五月初花椒树有芽了。花椒芽上，是茸茸的花椒"小时候"，可爱，也有味儿。花椒芽蕾是清香的麻，和秋后老花椒的雄浑，泾渭两味。

曾经在日本东京六本木一家天妇罗店吃过山椒芽，浓郁的清香味道，适合与油炸的天妇罗相配。

办公室有一同事，老家安徽西北部，黄淮平原南端。她说，到了春天就有吃的了。"要想生活过得去，春日总得吃点绿。"吃春芽如河水新涨，吹来春水气息。

荠菜，包饺子。清炒马兰头，"淘美草木滋，可以废粱肉"。香椿炒鸡蛋、香椿拌豆腐、香椿拌面。葱油蚕豆。马齿苋开水焯后，凉拌。灰灰菜、面条菜，一般要洗净，晾半干，裹上面粉上锅蒸。出锅后，将调好的香油蒜汁浇上拌。

安徽还有一种，叫"chu 树 pu ji"，嫩芽长得像叮在树上的毛刺子，从树枝上捋下来，洗净裹面。上锅蒸，拌汁吃，就一碗稀饭，这顿饭就过去了。

蒌蒿满地，芦芽芽短。枸杞头嫩，草头清香，马兰花开，荠菜出尖。还有刀剪的柳芽，串串榆钱。白芹白，苋菜红。

到了五月中旬，能吃到蒲菜了。蒲菜上市，夏天开始。春天的鲜嫩还在嘴里徜徉，夏天瓜甜菜香又来了。

东坡 "春江晚景" 桃花菜单

苏东坡是美食大家，一生客酬不断，却没见过东坡菜单，倒是听说近代的张大千请客是要写菜单的。

东坡作了很多和美食相关的诗词。其中《惠崇春江晚景》这首诗完全是一桌春宴。桃花时节，桃花宴。

东坡的《春江晚景》有唐李白《春夜宴从弟桃花园序》的气势，春江水暖，桃花流水，万物生发，春气盎然。

全诗如下：

（其一）

竹外桃花三两枝，春江水暖鸭先知。

蒌蒿满地芦芽短，正是河豚欲上时。

（其二）

两两归鸿欲破群，依依还似北归人。

遥知朔漠多风雪，更待江南半月春。

江南有竹笋，东坡又喜食。如果成一席春宴，不妨反复出现：前菜中可作"虾子春笋"，汤菜作"腌笃鲜"，宋时汤菜应为宴会最后一道菜。热菜如果有炒菜，可作"炒冬笋鸡丝"或"炒冬笋豌豆"，一白一绿，甚是素雅。

江南湖泊众多，河网密布。野鸭在民间有众多佳馔，或烧或炖或卤；

可与茨菰烧，可和陈皮炖，可作热卤；或整只或切块或取肉。这应是一道大菜。

江南鱼虾蟹在宋时应是寻常小味。东坡对河豚是情有独钟的。都说河豚味美，我不以为然，唯觉刺身鲜美，疫情过去当邀朋唤友去表姐"高仓"尝鲜。

多年前去扬中，在"蒋开河河豚馆"吃河豚，红烧的，虽然刻意挑选野生河豚，肉质还是略显粗老。尤其不能接受把河豚皮翻过来，皮糙扎嘴，只能吞下去，说是治胃病。红烧河豚用菜油，色泽黄润，汤汁浓厚。除此也吃了秧草烧的江鳜鱼，我觉得鳜鱼最好。即使现在长江禁捕，鳜鱼也可食。吃河豚，最是要尝河豚的鱼白，东坡先生说是"西施乳"，日本料理称"鱼白子"。形容"西施乳"可用丰腴肥美之词。

桌上的素食，大可有蒌蒿和芦芽。蒌蒿吃法多。去年在扬州，迎宾馆的陶晓东师傅给做了蒌蒿的包子——尤其做透亮包子时，蒌蒿透出薄薄的面皮，是翡翠色。这堪称是包子的诗作，甚是雅致。芦芽，那就最后上吧，尤其是酒酣饭足后，一碟芦芽，清新爽口。

芦芽呀芦芽，已多年未见，只在诗句中相遇："蒌蒿满地芦芽短，正是河豚欲上时。"

昨天北京东二环路边有一棵桃花树开花了，独自灿烂。

按东坡诗句复刻一桌"桃花宴"吧，待疫情结束时，大家的笑容一定都是桃花般的灿烂。

蒹葭、芦荻和芦芽（一）

古诗词里经常出现"蒹葭""芦荻"词，现今文字中少见，而且作为食材也消失了。

> 蒹葭苍苍，白露为霜。所谓伊人，在水一方。
> 蒹葭萋萋，白露未晞。所谓伊人，在水之湄。
> 蒹葭采采，白露未已。所谓伊人，在水之涘。

诗经的文字真是美妙，蒹葭在各时态中的神采让人如醉如痴——叫"蒹葭"则富有诗意，实在只是寻常的芦苇。

蒹葭：芦荻，芦苇。蒹，没有长穗的芦苇。葭，初生的芦苇。

范成大《田园杂兴》有："海雨江风浪作堆，时新鱼菜逐春回。"梅圣俞诗："春洲生荻芽，春岸飞杨花。河豚当此时，贵不数鱼虾……炮煎苟失所，转喉为莫邪。"

荻是野生芦苇，荻芽也就是芦芽。芦苇出笋为芦笋，可食用，芦笋刚冒尖为芦芽。（此芦笋决非石刁柏之芦笋）

民间常把芦苇和荻两者合称芦荻，把荻称为芦苇也很普遍。

芦芽是早春的佳蔬，其美妙甚于笋。妙在何处？其形体是笋的具体而微，似竹筷般，有着一层紫色，比笋子多了蜡质光泽；其脆嫩胜过竹笋，有时竟酥脆而至无滓；更妙的是它含有笋子所欠缺的汁液，轻馨微甜，倘采之于湖滩，则还饱蕴有清冷湖水的鲜味。

芦芽淡出人们视野，和当年苏州鸡头米一样，曾经鸡头米和芦芽是荒馑之年的救命之食。

鸡头米这些年在美食家的大力推宣下，回到人们餐桌上，且成为珍馐美味。

看《北京清真菜谱》，有两个芦芽菜，"炉鸭丝炒苇锥""口蘑炒苇锥"；《陕西菜谱》有"芦蒿拌香干"。

"苇锥"即芦芽。已故美食家聂凤乔先生说他吃芦芽："我曾经用它和切成火柴杆粗细的五香茶干丝一同凉拌，只用上等酱油和小磨麻油，有时加点火腿丝或泡发的海米，清远而隽永，似乎更宜于茶，下酒也未为不可。茶干当是江苏或安徽所产者，如'采石矶茶干'之类。"

芦芽如此美好，心向往之，迫不及待要去看看了。

兼葭、芦荻和芦芽（二）

兼葭、葭苇、芦荻、荻芽、芦芽。众爱故名多。

锦州有红海滩。去看红海滩要穿过一大片的芦苇地。芦苇荡，是南方的词；北方或称芦苇海子。上网查，这一大片有上百平方公里。芦苇的苍茫和雄浑，在那里才能体会到。看芦苇，或日出或日落时。早晨的芦花缥缈如纱，朝霞透过这层薄纱，特别柔和温润。夕阳西下，尤其太阳沉入芦苇中，紫霞和湛蓝天空下的芦苇，剪出恢宏的浩荡的影。

这样的气势，芦苇下却是另一个世界。

早春芦芽刚出水，锋芒毕露，真似锥子，人们称它为"芦锥"。杜甫诗里有"香饭兼苞芦"句。

有卢氏注说："芦、荻之属，甲而未拆曰苞，公出峡诗'泥笋苞初荻'可证。"因而其又可称为"泥笋"。

称"紫笋"很是白描贴切，也是诗的语言。白居易诗有"紫笋折新芦"，这也可参证于李贺的"芦笋抽丹渍""虫栖雁病芦笋红"等诗句。末后一句的原注为"芦笋初生白色，渐长变青。此云红者，盖旱地所生，为风日所烁，故变作红色"。

汉时的《西京杂记》中索性美其名曰"紫箨"："太液池边，皆是雕胡、紫箨、绿节之类。葭芦之未解叶者，长安人谓之紫箨。"

王维的"芦笋穿荷叶"，罗隐的"短芦冒土初生笋"，杜甫的"诸秀芦笋绿"等等——此说"芦笋"，非现代芦笋。

唐宋以降，称作"荻芽"，诗作常见。唐代僧人乾康诗句："荻笋抽高节，鲈鱼跃老鳞。"

配黄花鱼和河豚，已见于宋诗。范成大《田园杂兴》有："海雨江风浪作堆，时新鱼菜逐春回。荻芽抽笋河豚上，练子花开石首来。"

明代田汝成编辑南宋杭州遗事的《西湖游览志余》中，引瞿宗谷《竹枝词》有："荻芽抽笋棘花开，不见河豚石首来。"

配河豚有梅圣俞诗："春洲生荻芽，春岸飞杨花。河豚当此时，贵不数鱼虾……炮煎苟失所，转喉为莫邪。"

最后有东坡名句："蒌蒿满地芦芽短，正是河豚欲上时。"

自《诗经》以降，自然风物、草微天碧，莫不由诗人纷纷点化，灿烂成章。小至泥笋，口尝心诵之际，亦大如家国天下。

遇见桃花

这些天桃花开，适得几枝盛开的桃花，学《山家清事》，插罐中，取桃花灿烂意，让室内春意盎然。

宋林洪作《山家清供》《山家清事》两著。《山家清供》是指山野人家待客时所用的清淡田蔬，体现追求"清""雅"的饮食美学思想;《清事》则记录各类清雅玩赏之物。

汪曾祺说他曾见过一幅古画：一间茅屋，一个老者手捧一个瓦罐，内插梅花一枝，正要放到几案上，题款道："山家除夕无他事，插了梅花便过年。"应该说是"岁朝清供"的正宗了。

这天，天明景和。小丰和表姐做"桃花流水·雅集"菜品。

小丰美女大厨调桃花鸡尾酒"遇见桃花"。2 盎司水蜜桃伏特加、1.5 盎司日本浊酒（Nigori Sake）、0.5 盎司蔓越莓汁、0.5 盎司桃子汁。混打后装马提尼杯。

前菜是"桃花水晶"。

桃花 4-5 朵、水和吉利丁粉、细砂糖、柠檬汁。除桃花其他物熬化入模具，加入桃花。晾凉就好。

美女表姐再做"桃花酥饼"。

备水油皮，油心。鲜桃花、水、甜冬瓜茸、桃花酒作"桃花馅心"。取水油皮包入油心擀成舌型，静放 15 分钟，此步骤反复三次后，再静放 15 分钟，擀成薄皮包入桃花馅，收口压扁用小刀划为 5 等份，每份上用小刀划两刀成花蕊。中间抹上蛋黄，入烤箱烤得。

大徒弟孙宪厚做"桃花泛"。桃花泛就是"油焖大虾"。过去春天桃花开时，渤海的大虾就要洄游辽河口。渤海的春虾色墨绿，大如小儿臂。油焖后呈现粉红，色如桃花灿烂。

汪曾祺说："四方食事，不过一碗人间烟火。"我说，四季有芳物，各自成趣。春天就要过得像个春样儿，人生不就是要个精神吗?

桃花流水鳜鱼肥

仲春后，食物的丰盛渐渐多起来。到了清明，吃螺蛳。有"清明螺，赛过鹅"之说。清明后，刀鱼已不能食，骨瘦如柴，姿色尽失。再后，就是如期而至的鲥鱼。

仲春时节，鳜鱼最肥。

"西塞山前白鹭飞，桃花流水鳜鱼肥。青箬笠，绿蓑衣，斜风细雨不须归。"这是唐张志和的《渔歌子》。据说张志和留世的诗篇唯有这首最具名气。同样出名的是诗词中的鳜鱼。

我学徒时，见的最多的就是鳜鱼。菜谱上曾经写的是"红烧贵鱼"。徒工们对"贵鱼"都分外珍视。不像对待草鱼、胖头鱼那样粗手粗脚。后来我当经理了，有一次帮客人点菜，客人看到"红烧贵鱼"，小声问我，这鱼很贵吗。当年鳜鱼确实是名贵鱼。在北京饭庄子，和鳎目鱼一个层次。

春天是鳜鱼最鲜美的时候。鳜鱼肉嫩而且没有乱刺，在所有没刺的鱼类中，鳜鱼又是最鲜嫩的。鳜鱼肉最大的特点是厚实紧密。切鱼丝一般都用鳜鱼。做松鼠鱼也有用大黄鱼的，大黄鱼也是蒜瓣儿肉。把黄鱼切出花刀，鱼肉特别容易断碎，不如鳜鱼好。还有做鱼片儿也是用鳜鱼。

山东名菜糟熘鱼片，用的就是鳜鱼。有几个印象深刻的鳜鱼菜：一次是在扬中吃蒋开河的"秧草黄烧鳜鱼"；一次在江西景德镇"河沿酒家"吃"暴腌黄烧鳜鱼"。景德镇暴腌的黄烧鳜鱼，我认为第一，鳜鱼提前用盐、花椒、黄酒暴腌后，肉质不但紧密，更有弹性，吃起来很带劲。黄烧一定用菜籽油，烧出来的鱼，鱼汁黄黄的，有贵气样子。宋嫂鱼羹估计也是用鳜鱼做的。鳜鱼是水中凶悍的鱼，它是以活鱼虾螺为食饵。吃鱼的鱼，都好吃。

片鱼片切鱼丝还有一鱼，用黑鱼。但黑鱼吃腐食，据说吃黑鱼，易复发旧疾。所以这么多年，我对黑鱼无啥好感。但我对黑色最崇拜，比如黑白摄影，比如中国的水墨。大家都管陈晓卿叫"黑叔叔"，陈晓卿不黑，人很阳光，像他的牙，明眸皓齿，笑起来很亲切。

过去，春天吃刀鱼，夏天吃鳝鱼、鲥鱼，秋天吃大黄鱼。鳜鱼排不上名贵的名单。不出名，再皮实点，就能少祸多福。

美哉痛哉，杨树毛子

杨树花，雅称杨花，俗叫杨树毛子。杨树毛子倒吊下来，也叫杨树吊。

杨树分雄株和雌株。雄株不飞絮。雄株杨树花大多呈褐色或深红色，很像毛毛虫，开完就掉落，不转化成絮。雄株的柳树情况与杨树类似。变成飞絮之前，也就是杨树吊，吃它还可以清热解毒，祛火明目。

杨树开花了，倒是好看：晴空万里，杨絮飞舞，像瑞雪纷飞。"小园桃李东风后，却看杨花自在飞。"

杨絮飞舞美是美哉，却给老百姓生活带来不便，一是要注意杨絮飘落下来滚成团，易燃，得注意防火；二是不少人对杨絮过敏。我见过多人在这个季节痛苦不堪。有一位甚至跑到国外，避开这个季节。大家对此怨声载道。

杨树给人的印象是好恶泾渭分明。

茅盾曾写《白杨礼赞》，这是高调赞美杨树的散文。城区已不见高大白杨树，都是不大不小棵。北京远郊区还有二十世纪七十年代种的护路林，一个人抱不过来，高大威武，尤其夏天钻进去，不见阳光。

曾在敦煌九层塔前，见密密麻麻的杨树把九层塔快遮盖起来了。树粗有两人抱，树上有很多树眼。树眼特别像"人物画"的眼睛，你走到啥角度，他都在看着你。敦煌杨树林无数个树眼看你，这些眼睛是期待，期待你能懂他们，懂当年种下这些树的人，懂当年守望敦煌的人。

这些杨树是第一任"敦煌研究所"所长常书鸿先生带着第一批去敦煌的人种下的，快一百年了，这些树都成材了。在西北戈壁大沙漠，要想能耐贫瘠又能速生固沙，只有白杨。这也是茅盾赞美白杨的理由。

当年在戈壁大沙漠里的艰苦，超乎一般人想象。春天杨树开花，杨树毛子吊着。捡了杨树吊，拌上玉米面，蒸了吃。听着这东西绝对不好吃。还有榆树钱儿窝窝头……前两日，看聂凤乔先生说芦芽——如果老百姓吃起芦芽，大概是年景不好了。

现在我们很多回忆过去的文章，都把过去的吃食美食化了。

杨絮是美好的想象，杨树毛子是现实打脸的生活。春天的诗意是诗人们对生活的诗意想象。把诗意归零，回望不曾远去的过去，过去的坎才可以称为过去，没过去的坎还横亘在现实中。

王西楼的《野菜谱》

明代散曲大家王西楼,写了一部《野菜谱》。野菜谱记有野菜五十二种,记述说明每种野菜采取的时间、做法和食法,并附上图形和题赞,直观形象。题赞很有韵味。

《野菜谱》无序无跋。

对此书评价众多,皆言《野菜谱》为教本,帮助老百姓识别和采食各样野菜,度过饥荒灾年。

书中的题赞,好像一首首通俗的歌谣。从这些句子中,我没体会出百姓挣扎在生死线上的悲戚和沉重,倒觉得写得生动,有文学美感。

　　青蒿儿

　　即茵陈蒿,春月采之,炊食,时俗二月二日和粉面作饼者也。

　　青蒿儿,才发颖,

　　二月二日春犹冷,

　　家家竞作茵陈饼。

　　茵陈疗病还疗饥,

　　借问采蒿知不知。

　　枸杞头

　　村人采为甜菜头,春夏采嫩头,熟食;秋采实,即枸杞子;冬采根,即地骨皮。

枸杞头，生高丘，

实为药饵来甘州，

二载淮南穀不收，

采春采夏还采秋，

饥人饱食如珍馐。

题赞指出：青蒿儿和枸杞头两种野菜，不仅荒年可以充饥，而且还有
医药的作用。

马齿苋

入夏采，沸汤瀹过，曝干，冬用，旋食亦可，楚俗元旦
食之。

马齿苋，马齿苋，

风俗相传食元旦，

何事年来采更频，

终朝赖尔供餐饭。

苦麻薹

三月采，用叶，和面作饼，生亦可食。

苦麻薹，带苦尝，

虽逆口，胜空肠，

但愿收租了官府，

不辞吃尽回家苦。

汪曾祺也说："读了这样的诗歌，我们可以理解王西楼为什么要写

《野菜谱》，他和朱元璋的第五个儿子朱橚编《救荒本草》的用意是不相同的。"

朱橚搜集了可以充饥的草木四百余种，其目的就是"救荒"。王西楼的《野菜谱》内核是"菜谱"，主打是"野"。从这一点就好理解，《野菜谱》不仅在于教导百姓识别野菜度荒，其美学价值也是自不待言的。

在纽约我炒芹菜

那年去纽约筹建大董纽约餐厅，已停留六七日，天天吃饭馆，早已腻烦。正巧赶上用九先生在纽约做访问学者，全家居此。用九先生邀请我们去家中玩，我自告奋勇要亲自给大家做顿饭吃。

做什菜呢，家里有什么就做什么。用九先生夫人王哲老师，负责买菜。

到了家里看，有芹菜、大葱、姜、猪肉、肉馅、西红柿、鸡蛋。还真齐全。当然少不了酱油、料酒。就是香油少了点，只有一瓶底。我开玩笑说，这点香油，只够拌个咸菜。

那天还有大师哥孙宪厚、七师哥石秀松，有袁姐和心必女。

大师哥和七师哥给我打下手。定下的菜谱是包一个肉丸的饺子、肉丝炒芹菜、大葱爆肉片、西红柿炒黄菜。

肉馅有现成的，只是绞得比较粗，这正好。我打馅爱用香油，做油打馅。看着瓶子里那么一点的瓶底油，我让用九先生去想办法。过了一会，老先生还真拿了一瓶油回来，说是和邻居借的。

打馅顺着一个方向，依次往里加姜末、料酒、花椒水、酱油、香油，最后放葱末。三位女士在旁边看着，王哲老师拿个小本本作记录，说是要记下大董师傅的菜谱，以后照方子复制。王哲老师那时梳了一条大辫子，辫子放在前面，像个中学生。我给她们讲，打肉馅，要顺着一个方向，把肉打出翻毛来。翻毛是行话。这个时候要尽可能多打香油进去。我们一边说一边打馅，不知不觉一瓶香油剩下一个底了。旁边用九先生看见惊讶说，用了那么多油，一会儿怎么还给人家？

大师哥已经和好面，大家一起动手包饺子。每个人包的不一样，奇形怪状，七扭八歪。我还偷偷放了一分钱。

　　等水开锅就煮饺子。这时候七师哥也把肉丝切好了，芹菜也切好了，葱姜丝也预备齐。一边煮饺子，一边我就炒芹菜。炒芹菜先炒肉丝，肉丝略熟就要炒姜丝，再炒葱丝，炒酱油。这时候再炒芹菜。西芹好炒。西芹非常嫩，下锅炒两下就可以出锅。王哲老师一手扶着辫子，一手拿着笔纸，滢滢流水般问，炒芹菜为什么要放酱油，不放酱油，芹菜翠绿不是更好看吗？

　　饺子是那种一咬一流油的，大家吃得嘴上油光锃亮，喝着啤酒，欢呼雀跃。没想到吃个饺子能吃得这么高兴。七师哥也把葱爆肉片、番茄黄菜炒好了。芹菜好吃。王哲老师说，家里吃炒芹菜放点酱油确实有滋味，脆嫩还香。正好刚才焖了一点米饭，炒芹菜的汤汁拌米饭，那是再美不过。众人又盛了一点米饭，就了肉丝芹菜又把番茄炒黄菜，大葱爆肉片混在一起，吃了个不亦乐乎。

　　饭后喝茶，用九先生从国内带来的。饭后的茶喝点滋润亲切。大家兴高采烈，写了大字。

　　只是最后用九先生说，这香油真是没法子还人家，说是借点儿香油，却用了一瓶子，这说不过去。我狡黠地笑了。

汪曾祺先生与王世襄先生论"名士菜"

　　汪曾祺先生为《学人谈吃》作序中（刊登在《中国烹饪》1990 年 11 期，题为《食道旧寻》），提出"名士菜"的概念，并说："学人所做的菜很难说有什么特点，但大都存本味，去增饰，不勾浓芡，少用明油，比较清淡，和馆子菜不同。北京菜有所谓'宫廷菜'（如仿膳）、'官府菜'（如谭家菜、'潘鱼'），学人做的菜该叫个什么菜呢？叫作'学人菜'，不大好听，我想为之拟一名目，曰'名士菜'，不知王世襄等同志能同意否。"

　　这倒是个题目。这个题目触及了中国饮食文化深处的一个问题，就是文人在中国饮食文化中所起到的推动作用。我们知道饮食最基础的作用是饱腹、营养生命。生命得到基本保障后，对吃的要求，会立刻提升一层，上升到社交或精神层面（这和马斯洛需求层次理论一致），在这个层级阶段，主导和推动饮食精致化的主要是中上层人士，以及"学人、士人、名士"。这个阶级，或有钱或有闲，一定有学养，他们辨识味道，深谙饮食传轨。学人和美食如影随形。在中国漫长历史中，厨行的传承基本靠的是师父口口相传，徒弟耳濡目染、心领神会，很少见诸文字，作著菜谱。

　　美食是学人各文类作品中不可或缺的内容，或专著或类比或比喻，信札、随记、诗歌、正文，都有记说。且是中国文学的一大特色内容。

　　学人懂吃、会吃、有经济能力吃。吃得下去五味杂陈，吃得出来体会周章。形成于笔端巧思，留得出千年雅韵。学士与厨师之间，一个能说能写，一个能做能试。珠联璧合者，如袁枚和王小于。

　　学人完全可以作。以学人的学养再下厨灶三日，可得史学级大厨称号。但学人是万万不得入厨的。即使有入厨晾的一二菜式，皆为雅趣，如汪曾祺先生下厨招待美籍华人作家聂华苓，是为显示汪先生的风采。

学人是不下厨的。"君子远庖厨"，成为学人修为的精神标准，所谓可说不可为。厨房社会地位低下，社会三教九流，厨行是不入流的。有一句话大家现在还在说"上茅房，下厨房""上得厅堂，下得厨房"。这些可见。

回到题目，汪曾祺先生倡议"名士菜"未见和者，原因无非两者：

一、"名士菜"只是学人的雅趣，大都矫揉造作，以煮炖者见多。学人可做美食家，指导厨师操作。监察牛骨，不可解牛。解牛是庖丁专业，与卖油翁通，是要长年日久的时间实践的。

学人就是学人，有时间全要钻到课本里，如有他想，则为不务正业。不是非可为是不得为。

二、即为雅趣，赏玩即可。雅趣只是名人故事，故事的最大公用就是传说。如回到现实中，还要经过厨师的再加工。东坡菜众多，传下来的大都是菜名，市场接受的不过一二，唯"东坡肉"可食。

所以汪曾祺先生倡议的"名士菜"微有波澜，未见回响，是再正常不过之事。

作以上文，自言自话。

见一汪曾祺先生和王世襄先生于二十世纪九十年代初的一段对话。和大家分享，聊胜于无。

食道旧寻（汪曾祺）

《学人谈吃》，我觉得这个书名有点讽刺意味。学人是会吃，且善于谈吃的。中国的饮食艺术源远流长，千年不坠，和学人的著述是有关系的。现存的古典食谱，大都是学人的手笔。但是学人一般比较穷，他们爱谈吃，但是不大吃得起。

抗日战争以前，学人的生活相当优裕，大学教授一个月可以拿到三四百元，有的教授家里是有厨子的。抗战以后，学人生活一落千丈。我认识一些学人正是在抗战以后。我读的大学是西南联大，西南联大是名教授荟萃的学府。这些教授肚子里有学问，却少油水。昆明的一些名菜，如"培养正气"的汽锅鸡、东月楼的锅贴乌鱼、映时春的油淋鸡、新亚饭店的过油肘子、小西门马家牛肉馆的牛肉、甬道街的红烧鸡……能够偶尔一吃的，倒是一些"准学人"——学生或助教。这些准学人两肩担一口，无牵无挂，有一点钱——那时的大学生大都在校外兼职，教中学、当家庭教师、做会计……不时有微薄的薪水，多是三朋四友，一顿吃光。

教授们有家，有妻儿老小，当然不能这样的放诞。有一位名教授，外号"二云居士"，谓其所嗜之物为云土与云腿，我想这不可靠。走进大西门外凤翥街的本地馆子里，一屁股坐下来，毫不犹豫地先叫一盘"金钱片腿"的，只有赶马的马锅头，而教授只能看看。

唐立厂（这个字读庵，不是工厂的厂）先生爱吃干巴菌，这东西是不贵的，但必须有瘦肉、青辣椒同炒，而且过了雨季，鲜干巴菌就没有了，唐先生也不能老吃。沈从文先生经常在米线店就餐，巴金同志的《怀念从文》中提到："我还记得在昆明一家小饮食店里几次同他相遇，一两碗米线作为晚餐，有西红柿，还有鸡蛋，我们就满足了。"这家米线店在文林街他的宿舍对面，我就陪沈先生吃过多次米线。文林街上除了米线店，还有两家卖牛肉面的小馆子。西边那一家有一位常客，是吴雨僧（宓）先生。他几乎每天都来。老板和他很熟，也对他很尊敬。那时物价以惊人的速度飞涨，牛肉面也随时要涨价。每涨一次价，老板都得征求吴先生的同意。吴先生听了老板的陈述，认为有理，就用一张红纸，毛笔正楷，写一张新定的价目表，贴在墙上。穷虽穷，不废风雅。

云南大学成立了一个曲社，定期举行"同期"。参加拍曲的有陶重华（光）、张宗和、孙凤竹、崔芝兰、沈有鼎、吴征镒诸先生，还有一位在民航公司供职的许茹香老先生。"同期"后多半要聚一次餐。所谓"聚餐"，是到翠湖边一家小铺去吃一顿馅饼，费用公摊。不到吃完，账已经算得一清二楚，谁该多少钱。掌柜的直纳闷，怎么算得这么快？他不知道算账的是许宝騄先生。许先生是数论专家，这点小九九还在话下！许家是昆曲世家，他的曲子唱得细致规矩是不难理解的，从俞平伯先生文中，我才知道他的字也写得很好。

昆明的学人清贫如此，重庆、成都的学人也好不到哪里去。我在观音寺一中学教书时，于金启华先生壁间见到胡小石先生写给他的一条字，是胡先生自作的有点打油味道的诗。全诗已忘，前面说广文先生如何如何，有一句我是一直记得的："斋钟顿顿牛皮菜。"牛皮菜即茄菜，茎叶可炒食或做汤，北方叫作"根头菜"，也还不太难吃，但是顿顿吃牛皮菜，是会叫人"嘴里淡出鸟来"的！

抗战胜利，大学复员。我曾在北大红楼寄住过半年，和学人时有接触，他们的生活比抗战时好一些，但很少于吃喝上用心的。谭家菜近在咫尺，我没有听说有哪几位教授在谭家菜预订过一桌鱼翅席去解馋。北大附近只有松公府夹道拐角处有一家四川馆子，就是李一氓同志文中提到过许倩云、陈书舫曾照顾过的，屋小而菜精。李一氓同志说是这家的菜比成都还做得好，我无从比较。除了鱼香肉丝、炒回锅肉、豆瓣鱼……之外，我一直记得这家的泡菜特别好吃，而且是不算钱的。掌柜的是个矮胖子，他的儿子也上灶。不知为了什么事，两父子后来闹翻了。常到这里来吃的，以助教、讲师为多，教授是很少来的。除了这家四川馆，红楼附近只有两家小饭铺，卖筋面炒饼，还有一种叫作"炒和菜戴帽"或"炒和菜盖被窝"的菜，菠菜炒粉条，上面摊一层薄薄的鸡蛋盖住。从大学附近饭铺的菜蔬，可以大体测量出学人和准学人的生活水平。

教授、讲师、助教忽然阔了一个时期。国民党政府改革币制，从法币改为金元券，这一下等于增加薪水十倍。于是，我们几乎天天晚上到东安市场去吃。吃森隆、五芳斋的时候少，常吃的是"苏造肉"——猪肉及下水加砂仁、豆蔻等药料共煮一锅，吃客可以自选一两样，由大师傅夹出，剁块，和黄宗江在《美食随笔》里提到的言慧珠请他吃过的爆肚和白汤杂碎一样。东安市场的爆肚真是一绝，脆，嫩，绝对干净，爆散丹、爆肚仁都好。白汤杂碎，汤是雪白的。可惜好景不长，阔也就是阔了一个月光景。金元券贬值，只能依旧回沙滩吃炒和菜。

教授很少下馆子。他们一般都在家里吃饭，偶尔约几个朋友小聚，也在家里。教授夫人大都会做菜。我的师娘，三姐张兆和是会做菜的。她做的八宝糯米鸭，酥烂入味，皮不破，肉不散，是个杰作。但是她平常做的只是家常炒菜。四姐张充和多才多艺，字写得极好，曲子唱得极好，我们在昆明曲会学唱的《思凡》就是用的她的腔，曾听过她的《受吐》的唱片，真是细腻婉转；她善写散曲，也很会做菜。她做的菜我大都忘了，只记得她做的"十香菜"。"十香菜",苏州人过年吃的常菜耳,只是用十种咸菜丝,分别炒出,置于一盘。但是充和所制,切得极细,精致绝伦,冷冻之后,于鱼肉饫饱之余上桌,拈箸入口,香留齿颊!

一九四九年后我在北京市文联工作过几年。那时文联编着两个刊物:《北京文艺》和《说说唱唱》,每月有一点编辑费。编辑费都是吃掉。编委、编辑,分批开向饭馆。那两年,我们几乎把北京的有名的饭馆都吃遍了。预订包桌的时候很少,大都是临时点菜。"主点"的是老舍先生,亲笔写菜单的是王亚平同志。有一次,菜点齐了,老舍先生又斟酌了一次,认为有一个菜不好,不要,亚平同志掏出笔来在这道菜四边画了一个方框,又加了一个螺旋形的小尾巴。服务员接过菜单,端详了一会儿,问:"这是什么意思?"亚平真是个老编辑,他把校对符号用到菜单上来了!

老舍先生好客,他每年要把文联的干部约到家里去喝两次酒。一次是菊花开的时候,赏菊;一次是腊月二十三,他的生日。菜是地道老北京的味儿,很有特点。我记得很清楚的是芝麻酱炖黄花鱼,是一道汤菜。我以前没有吃过这个菜,以后也没有吃过。黄花鱼极新鲜,而且是一般大小,都是八寸。装这个菜得一个特制的器皿——瓷子,即周壁直上直下的那么一个家伙。这样黄花鱼才能一条一条顺顺溜溜平躺在汤里。若用通常的大海碗,鱼即会拗弯甚至断碎。老舍夫人胡絜青同志善做"芥末墩",我以为是天下第一。有一次老舍先生宴客的是两个盒子菜。盒子菜已经绝迹多年,不知他是从哪一家订来的。那种里面分隔的填雕的朱红大圆漆盒现在大概也找不到了。

学人中有不少是会自己做菜的，但都只能做一两个拿手小菜。学人中真正精于烹调的，据我所知，当推北京王世襄。世襄以此为一乐。据说有时朋友请他上家里做几个菜，主料、配料、酱油、黄酒……都是自己带去。听黄永玉说，有一次有几个朋友在一家会餐，规定每人备料去表演一个菜。王世襄来了，提了一捆葱。他做了一个菜：焖葱。结果把所有的菜全压下去了。此事不知是否可靠。如不可靠，当由黄永玉负责！

客人不多，时间充裕，材料凑手，做几个菜是很愉快的事。成天伏案，改换一下身体的姿势，也是好的，做菜都是站着的。做菜，得自己去买菜。买菜也是构思的过程。得看菜市上有什么菜，琢磨一下，才能搭配出几个菜来。不可能在家里想做几个什么菜，菜市上准有。想炒一个雪里蕻冬笋，没有冬笋，菜架上却有新到的荷兰豆，只好"改戏"。买菜，也多少是运动。我是很爱逛菜市场的。到了一个新地方，有人爱逛百货公司，有人爱逛书店，我宁可去逛逛菜市。看看生鸡活鸭、鲜鱼水菜、碧绿的黄瓜、彤红的辣椒，热热闹闹、挨挨挤挤，让人感到一种生之乐趣。

学人所做的菜很难说有什么特点，但大都存本味，去增饰，不勾浓芡，少用明油，比较清淡，和馆子菜不同。北京菜有所谓"宫廷菜"（如仿膳）、"官府菜"（如谭家菜、"潘鱼"），学人做的菜该叫个什么菜呢？叫作"学人菜"，不大好听，我想为之拟一名目，曰"名士菜"，不知王世襄等同志能同意否。

《学人谈吃》的编者叫我写一篇序，我不知说什么好，就东拉西扯地写了上面一些。

一九九〇年六月三十日

答汪曾祺先生（王世襄）

汪曾祺先生为《学人谈吃》一书写了一篇序言（刊登在《中国烹饪》1990 年 11 期，题为《食道旧寻》），点了我的名，不禁使我诚惶诚恐。首先是我才疏学浅，怎敢侧身于学人之林。其次是讲到我的几点。有的虽确有其事，有的则为传闻之误，有的又言过其实。因此我不得不作一番解答了。

曾祺先生说我去朋友家做菜，主料、配料、酱油、黄酒……都是自己带去。这确有其事。因为朋友家日常用的，或是为我准备的，未必尽合我意。例如素油，我总要事先问一下是什么油。如是菜籽油，我就自己带油去。因为目前菜籽油还不能提炼得很纯，入口就能辨别出它的味道，把菜的本味都破坏掉了。过去我就曾向几家餐馆提过意见，几百元一桌的席，似乎不该再用菜籽油了。再如黄酒，加饭固然好，北京黄也尚可用，所谓的烹调料酒就只能说不合本人的口味了。好胡椒粉这里也难买到，因此出远门总要带些回来。香菜也须在农贸市场上选购，细而长的不如短而茁壮的好。做一盘炒鳝糊，如果胡椒粉、香菜不合格，未免太煞风景了。

序中说我去朋友家做菜连圆桌面都是自己用自行车驮去的，这是传闻之误，我从未这样干过。记得几年前听吴晓铃兄说起，梨园行某位武生，能把圆桌面像扎靠旗似的绑在背上，骑车到亲友家担任义务厨师。不知怎地，将此韵事转移到在下身上。实在不敢掠美，有必要在此澄清，以免继续误传。又说我提了一捆葱去黄永玉家做了一个菜，永玉说把所有的菜都压下去了。这是言过其实。永玉夫人梅溪就精于烹调。那晚她做的南洋味的烧鸡块就隽美绝伦，至今印象犹深。永玉平日常吃夫人做的菜，自然不及偶尔尝一次我的烧葱来得新鲜，因此他才会有此言过其实的不公允的评论。

今年九、十月间我应美国几个博物馆之邀去讲一些工匠末技，而实际上接待愚夫妇的却是在美定居的华商，真是盛情可感。上月他来京，我自然要略尽地主之谊。一周之内，几乎每餐都亲入厨下。豆汁、麻豆腐、炸酱面、水饺等不算，我做的菜中有下列几味。现略加叙述，为的是请曾祺先生看看，以便回答他在序中最后提出的一个问题——像我做的菜该叫个什么菜？

一、糟煨冬笋

这是过去东兴楼的看家菜，不知现在哪里还可以吃得到。具体做法拙文《从香糟说到鳜鱼宴》已言及（见《中国烹饪》1990年6期），不复赘述。但愿敬告读者，多年买不到的香糟，现朝阳门内大街咸亨酒店有售，只是每斤已从十年前的3角涨到3元5角，上升了近12倍。

二、纯牛舌

牛舌要在沸水中烫几分钟，将粗糙的外膜剥去。因此最好要新鲜的。如经久冻，外膜就难剥了。切厚片，入砂锅，武火转文火炖，需5-6个小时方能入口即化。其间依次加入黄酒、精盐、酱油、姜片，葱头及滚刀块切成的胡萝卜。此菜多少吸取西餐的罐焖牛肉的做法，但用大量的胡萝卜，因为它有益身体健康。

三、油浸鲜蘑

只能用新鲜的白圆蘑，以小而肉紧，洁白如雪者为佳，罐头蘑绝对不能用，鲜风尾蘑效果也不佳。用较多的素油煸炒，加精盐、酱油及姜末。吃辣的可先炸干辣椒再下鲜蘑，或先煸蒜茸亦可，悉视个人的口味而定。要煸炒到大部分水分挥发掉再出勺，宜热吃更宜冷食，放入冰箱，可数日不变味。这是参酌吴县太湖地区洞庭东西山民间所谓"寒露菌油"的做法。

四、锅塌豆腐

黄酒泡虾子加精盐、酱油、白糖备用。如有高汤可加一两匙。

南豆腐半斤，切成3厘米见方的薄片，放入碗内。鸡蛋3枚打开，倒入豆腐碗中，再加少许煸熟的葱花拌匀。

炒勺（以比较平浅的为宜）内放素油，热后将豆腐、鸡蛋倒入，摊成圆饼，倾侧炒勺，转动煎塌，待底面全部上色，以黄而微焦为好。把盘扣在饼上，复入盘中。勺内再放油，热后将饼推入，如前煎塌另一面，亦待上色，倒入调好内有虾子的佐料，用筷子在饼上戳洞，使佐料渗入，即可出勺。

此菜从北京小饭馆学来而稍加损益。解放前沙滩马神庙路北的小饭铺就有此菜，北大师生不少人去吃。它和山东菜系的锅塌豆，每块沾鸡蛋下锅煎塌的做法不同而别有风味。

五、酿柿子椒

柿子椒8个，以大小适中者为宜，去蒂挖籽，沸水中煮约10分钟，捞出控水，码入铝饭盒，恰好装满，置一旁备用。

红透西红柿1.5公斤，去皮油煸，要适当浓缩，加白糖、精盐。胡萝卜擦丝，葱头剁末，分别素油煸烂，各加糖、盐少许。留出西红柿浓汁半碗，余与煸好的胡萝卜、葱头拌匀，酿入柿子椒。留出西红柿汁灌隙溜缝。表面洒适量胡椒粉。饭盒去盖入烤箱烤20-30分钟即成。此菜冷热咸宜，乃从墨蝶林餐馆俄式小吃变化而来，却是纯素。

六、清蒸草鱼

活草鱼北京不难买到。收拾完毕，放入盘中，不加任何佐料。蒸约8分钟（视鱼之大小，火之强弱，加减时间）。取出滗去盘内鱼汤，洒胡椒粉、葱姜丝、香菜段码在鱼上。起油锅，热后烹入酱油、黄酒，急速浇淋鱼上即成。此粤式蒸鱼法，亦即广州、香港菜单上所谓的"清蒸鲩鱼"。它比江浙略加高汤的清蒸鱼更能保持本味，鲜嫩可口。

七、海米烧大葱

黄酒泡海米，泡开后仍须有酒剩余，加入酱油、盐、糖各少许。

大葱10棵，越粗越好，多剥去两层外皮，切成2寸多长段。每棵只用下端的两三段，余作他用。素油将葱段炸透，火不宜旺，以免炸焦。待色已黄，用筷夹时，感觉发软，且两端有下垂之势，是已炸透，夹出码入盘中。待全部炸好，推入空勺，将泡有海米的调料倒入，烧至收汤入味，即可出勺。此是当年谭家菜馆的常客金潜庵先生爱吃的菜，据说渊源于淮扬菜，不知确否。个人的经验是如请香港朋友吃，海米须改为干贝。因为香港海味太丰饶，海米被认为不堪下箸之物，难免一个个抛出来剩在碟中。还有此菜只宜冬季吃，深秋葱未长足，立春后葱芽萌发，糠松泡软，味、质均变矣。

以上随便说了几样，为的是请曾祺先生看看，该叫个什么菜。"学人菜"我不同意。"名士菜"，越发地不敢。依我之见，古代画家和戏曲家都有"行家"与"戾家"之说，也就是"内行"与"外行"之分。"戾"或写作"隶"、或"利"、或"力"。"小力把""力巴头"即由此而来。因此我认为凡是非专业厨师做的菜都可称之为"戾家菜"。如嫌此称不够通俗，冷僻难懂，则不妨称之为"票友菜"或"玩票菜"。具体到本人，因做菜不拘一格，勿论中外古今，东西南北，更不管是什么菜系，想吃什么就做什么，以意为之，实在没个谱儿。做得好吃算是蒙着了，做砸了朋友也不好意思责怪，还要勉强地说个"好"。用料从来也说不出分量，全凭所谓"估眼逮"（"逮"读 dei），兴之所至，难免混合变通，搀杂着做，胡乱地做，因此称我做的菜为"杂合菜"，我看也是完全符合的。

一九九〇年十二月二十四日

碧涧羹

宋林洪作《山家清供》，内有"碧涧羹"。篇幅不长，兹录如下：

> 芹，楚葵也，又名水英。有二种：荻芹取根，赤芹取叶与茎，俱可食。二月、三月，作羹时采之，洗净，入汤煸过，取出，以苦酒研芝麻，入盐少许，与茴香渍之，可作菹。惟瀹而羹之者，既清而馨，犹碧涧然。故杜甫有"青芹碧涧羹"之句。或者：芹，微草也，杜甫何取焉而诵咏之不暇？不思野人持此，犹欲以献于君者乎！

喜读杜甫诗，尤爱"青春作伴好还乡"。为什么喜欢这一句？两个字：释放。这一句大概中年大叔读得懂。

除此，就是喜欢"鲜鲫银丝脍，香芹碧涧羹"这一句，既是诗句又是菜谱。如为菜谱就是鲫鱼切细丝做脍，芹菜做羹。芹菜羹味清香，仿佛置身于高山幽谷间碧绿的小溪一样，让人心生喜欢。此后，"碧涧羹"成了芹菜羹的另一个名字，杜甫之后的诗人提到芹菜羹，都用碧涧羹来指代。南宋词人高观国有"碧涧一杯羹，夜韭无人翦"之句。

我少时不吃芹菜：芫荽异味强烈如"臭大姐"，香椿、韭菜也泛强烈刺激滋味，都不喜食。青年后味觉和性情迁转，遂感芹菜清新，有如春草萌生。

林洪所言极是，以芹菜做羹，色泽和清新滋味皆能入心。早在《吕氏春秋·本味》篇中有"菜之美者，云梦之芹"，可见古代中国，水芹一味，是可列为菜蔬上品的。

芹有多属：旱芹、水芹、白芹、西芹。每味皆性格迥然：旱芹粗壮；水芹浓郁；白芹嫩香；西芹脆嫩。

每年春夏之交，是吃芹菜时节。有一年去天目湖宾馆找戚双喜师傅，奔着"天目湖三白"。湖里白鱼，山上白茶，水边白芹。停留两日，流连忘返。又吃天目湖宾馆大名鼎鼎的"鱼头汤"，醇厚浓白，举世无双。天目湖"鲟鱼高钙骨"，更是一绝，一条十斤以上鲟鱼才取十厘米长的一条鱼钙骨，珍贵至极。这一下子把天目湖"三白"变成"五白了"。尤其白芹、天目湖鱼头浓白汤，这几样是必吃。春日之美，皆在此物中。

看美食大家兴化人聂凤乔先生在其《烫干丝咏叹调》说："吃烫干丝时，抓出一团水淋淋的干丝再次拧干，装进盘中，上面放一些准备好的鲜生姜丝，加一小勺绵白糖，配料有肴肉丝、青椒丝、大蒜梗、脆花生米、香菜、芹菜、豆芽菜等，再浇上虾籽酱油、小磨麻油后，就可享用了。"我去扬州无数次，未曾见烫干丝上有这么多的配料。兴许是老做法了。

楚芹味佳，湖南人一定要和腊肉合炒。先煸炒腊肉、豆豉，姜、葱花爆香后，放水芹，大火翻炒留清脆，装盘。水芹清香有真味，腊香浓郁，下饭佐酒皆宜。

北京人吃凉拌芹菜，只取嫩茎，西餐馆做罗宋汤则专要芹菜叶。最喜欢芹菜叶的饺子，能比别味饺子多吃一倍。

"口之于味，有同嗜焉"，你觉得好食，大概别人也同感。人之差别，有能食能言，美食家也；有能食不能言，好吃之徒也。上至钟鸣鼎食，下到山野小味，若口不能言志不能弗，悲乎。

小丰的鸡尾酒

昨天一阵大风，把绽放的桃花吹得花销香陨。二月春风就是这般无情。刚见花开，未等细细端详，那花又去了。

春既然来了，春信就留下了。这不，小丰姑娘给我写了个春天鸡尾酒的方子，简单易行，在家里都是可以做的：

> 家里的糖水罐头你吃完了都干嘛呢？有个特别好的办法是用来调酒。在调酒的配方上总能看到 simple syrup（单糖浆），其实就是糖和水一比一熬的糖水，而用罐头汁就省去了熬糖水的步骤，还能增加你想要的 flavor（口味）。比如有一天我想做桃子味的鸡尾酒，买来了水蜜桃味的伏特加做基酒，但是还是觉得少一点桃子的味道，我就想到了家里冰箱中有罐没吃完的黄桃罐头。然后把干玫瑰花和香草荚放入 vermouth（苦艾酒）里冷泡三至五天，得到了很漂亮的颜色和玫瑰风味，混合蜜桃伏特加一起做基酒。调入黄桃罐头汁和过滤的桃子果酱、柠檬汁、苏打水，特别春天！

后来我又想到了山楂罐头、梨罐头也能发挥出同样的作用。山楂最简单，直接做金汤力。梨很好发挥想象力，因为梨有很多好朋友，比如姜、接骨木花、意大利的 Asti 和 Prosecco 等地的起泡酒、香草中的百里香……都是它的好朋友。找到了好朋友就等于解锁了风味之间的密码，就可以自由发挥了。

1. 梨鸡尾酒

比利时啤梨一片（做装饰）、1/2oz 新鲜梨汁、1/2oz 生姜或接骨木花利口酒、1–2oz 意大利起泡酒（Prosecco）、1/2oz 糖水梨罐头汁、一根新鲜百里香、新鲜生姜（切片）。

2. 玫瑰桃子鸡尾酒

1cup 干玫瑰花和一根香草荚籽，浸泡在苦艾酒中冷藏 5–7 天，得到玫瑰香草苦艾酒。

1.5oz 蜜桃伏特加、1/2oz 玫瑰香草苦艾酒、3 勺（tablespoon）桃子果酱、1/4oz 柠檬汁、1/2oz 黄桃罐头糖水、1oz 汤力水、鲜桃花（做装饰）。

听表姐的建议，玫瑰香草苦艾酒可以用桃花利口酒去代替，风味会更鲜明，也有非常漂亮的颜色，大家可以多去尝试。

3. 山楂金汤力

40ml 琴酒、100ml 汤力水、30ml 山楂罐头糖水、薄荷叶。

小丰姑娘是新一代的大厨。因为喜欢探究厨房的秘密，自己跑去美国学西餐。几年后回来，气质完全变了。我非常认可中餐厨师西餐化，这有利于"中餐的国际化表达"。

春天神采飞扬，正是踏春时节。当然也可以慵懒的躺在沙发上，看窗外的花雨，旁边有一本书，一杯鸡尾酒陪你，就好。

春分

春分"吃小"

在一个理想的下午，趁着春光好翻书。风吹哪页读哪页，最好。看舒国治《台北小吃札记》，觉得入味。

作者说，小吃与一个市镇的古老聚落总是有着几乎绝对的关联。一绝。

好吃便是好吃，若说得天花乱坠，往往离好吃有一段路。二绝。

小吃一家又一家，你怎么知道进哪一家？哎，三绝。且看其分解：

> 好问题。我的回答是：目测。
>
> 凡制得好小吃之店家，其人之模样、笑容也皆比较明亮灿烂。
>
> 小吃的佳美，透露出城市里人的佳良。

我喜这句话，"人的佳良"与"食的佳酿"断然有同构关系。人若不良善，食必有恶憎处。

我的兴致，已被作者所言的"小吃"挑动。盘算着怎样能"吃小"。大菜小做，小菜大做，这既是作文之法，也是做菜之道吧。

今有朋友来。吃过几次大董大菜。再好吃的东西，多吃几次，也会腻口。

开菜单不免是个费思量的活儿。如同中医开药方。这次，如不想复赘，何不换个方子：吃春，从小菜着手？

何者为小？粥面菜包之属。

仲春，太湖白虾仁当季。春天真就是苏州的呀。太湖白虾如小令，白玉空灵。相配当属龙井尖芽。可是北京等不及明前新茶。那就清炒了，配西班牙火腿，其色似玛瑙。亦好。

怎地想起了旧人——山西晋阳饭庄的大师傅金永泉先生。金先生文雅，在纪晓岚故居经营。他给我讲其招牌菜点：炒猫耳朵。猫耳朵有很多吃法，春天用太湖白虾仁炒了，最是应景。

那么今天亦必须试试了。试了几手，慢慢有了感觉。

活虾去皮儿，取肉，冰水里加点盐，细冲，慢慢有了脆口；这时候加蛋清，菱角粉上浆，顺一个方向打上劲儿；温油滑开，虾仁出锅。

玄机在哪里呢，虾仁要白：不是粉墙白，是荔枝白；粉墙黛瓦，粉墙白的笃实。荔枝则白而晶莹，如脂玉般润泽。虾仁要炒得脂玉般才好。而且虾仁还要嫩——嫩而不 Q，且爽且脆，嫩爆了。虾仁还要鲜，如太湖早春的芽黄。

剩下的是和面。面和得硬点，揪出春豌豆粒儿，撵出面窝儿，就是小猫耳朵，好看呢？

论味道，面筋斗，虾仁脆嫩，像柳公权的字，遒劲。又把火腿切了，同刚灌浆的豆儿般大小，一起搭配，面韧香，虾仁脆鲜，火腿丁子艳美，方觉整个菜气象万千，有如颜真卿书法。

虽然，"湖虾仁火腿炒猫耳朵"和第一个菜"湖虾仁炒火腿"有重复之嫌。不是重复是喜欢，好难割舍啊。

就这样，把白虾仁炒火腿里的金腿丁子退出来，配了虾仁猫耳朵。

剩下这虾仁和翡翠般的小豌豆，甚是清雅。忍不住扣了一勺儿，滴上意大利香脂黑醋，满颊鲜甜。

一边是配了意大利的黑醋，一边是配了火腿丁子。对比之下，哪个更好呢？

再来一道"西葫芦糊塌子"。做糊塌子为啥非要西葫芦呢，说不好。试过很多种蔬菜，只有西葫芦最搭。大概口味习惯吧。曾经试着做过西红柿的糊塌子，也很好吃——如果加点芝士，就是披萨了。

然后是"清水白粥"，加四小碟儿咸菜（辣萝卜丝，炝黄瓜条儿，酥海带丝，甜酱甘露）。光是这白粥的味道就足以引人入胜。米粥得熬得晶莹剔透，米香沁脾还不够，要熬得粘稠润滑。

"炒土豆丝""烹掐菜""荠菜透亮包子"，都是熟悉的味道，就不细说了。

再就是一道"糗豆包"，这个"糗"字，有意思。细想，最恰当。要想嗅出豆粮的本味儿，可得糗好馅儿。糗豆馅儿，加黑糖。豆馅儿，有豆有沙，甜润甘香。薄皮大馅儿，煎底儿，都是童年最爱。

小时候，家里糗完豆馅儿，会把豆馅儿分成一份份儿的。再擀上面皮，包豆包。有时候就抓了一份豆馅儿空口吃。那时的幸福感，满满一手。现在已经"无以名状"了。

冬天过去了，收尾还是用一款"雪菜包儿"来怀念吧。

春分"吃小"，也似乎有一番大周章。个中滋味，如同人情冷暖，冬去春回。人的佳良，与食的佳酿，究竟是怎样的关系呢？

南新仓院子里，玉兰正一树一树花开。

苋菜，屋前屋后常见

我喜欢吃苋菜，还创造了一个苋菜的吃法："惊蛰梨煮苋菜"。用梨和苋菜煮在一起，加一些蒜子、姜、黄酒、盐。要宽汤。

除此，也喜欢吃皮蛋咸蛋煮苋菜。这个菜还有另外一个名字，叫"金银蛋煮苋菜"。苋菜煮得软软滑滑，清新爽口。苋菜碧绿的叶子，皮蛋墨绿色，两个颜色在一起，是春光中的深沉和典雅。

吃苋菜有时会想，苋菜为啥叫苋菜呢？万物皆有名。起名字是个学问，命名的方法有很多，比如，"松花蛋"显而易见，是鸭蛋烧制过程中，在蛋上形成松花纹样而命名的。

查资料，见诸多苋菜名字：雁来红、老少年、老来少、三色苋、反枝苋、刺苋、凹头苋、皱果苋、野苋、铁苋菜。还有"凫葵""蟹菜""荇菜""荅菜"。河南平顶山叫玉米菜，周口叫影子菜，重庆那边，叫汉菜。

看到里面有"荇菜"，想到《诗经·关雎》"参差荇菜左右流之"，这个"荇菜"非苋菜的荇菜。

依稀记得看过的一篇文章，描述江南三月，草木张扬。农耕时节，田渠垄上，野蜂飞舞，野花盛开。苋菜，屋前屋后常见。后来再去江南，留意看，确实如此，家家户户，屋前屋后，苋菜高高低低，茂茂盛盛，最是显眼。

宋代学者陆佃在《坤雅》中也有这关于苋菜名字的尝试释义，而这种释义的根据来自于苋菜的外形特征：苋之茎叶，皆高大而易见，故其字从见，指事也。意思是苋菜的茎叶比起其他野草都更为突出，易于发现。所以它名字中的"苋"则是古代造字常用的"上形下声"法所得。

苋，形声字，从草见声。苋初为野菜，屋前屋后，出门即见。我推测苋字，由此而来。王磐的《野菜谱》中，对于野苋菜的描述为"夏采、熟食、类家苋。城中赤苋美且肥，一钱一束贱如草"。

红苋的红也是人间最有生命力的食色，白白的馒头上点个胭脂红点，艳俗热闹；老寿星的寿桃上染些苋红，充满烟火气的喜俗之色让众人更和乐。张爱玲写苋菜："乌油油紫红夹墨绿丝的苋菜，里面一颗颗肥白的蒜瓣染成浅粉红。"

绍兴出生的周作人写吃臭苋菜梗："近日从乡人处分得腌苋菜梗来吃，对于苋菜仿佛有一种旧雨之感。"这"旧雨之感"四字，久居北方的南方人最能体会，是淡淡的乡愁，也是微微的抱怨。

在众苋菜的菜品中，最数宁波人的"臭苋菜梗"具名。"霉苋菜梗"，色泽亮丽，色绿如碧，清香酥嫩，鲜美入味。

汪曾祺老爷子说："臭物中最特殊的是臭苋菜杆。苋菜长老了，主茎可粗如拇指，高三四尺，截成二寸许小段，入臭坛。臭熟后，外皮是硬的，里面的芯成果冻状。噙住一头，一吸，芯肉即入口中。这是佐粥的无上妙品。"

前年我们一行人去宁波，专门去吃"宁波三臭"。三臭现在城乡已不寻常见。那一天是在一户老人家乞得。我们都视为珍物。一二十人咂咂有声，蔚为壮观。众人表情，奇形怪状。

我最喜欢红苋菜煮出来的玫瑰红汤汁。这汤汁可以单独喝，也可以泡米饭吃。泡了苋菜汤的米饭，晶莹剔透，浅紫淡红，这玫瑰色是入心的。

春日夕阳沉入大地，天光紫霞烟黛——皮蛋煮红苋菜的颜色——这是气吞山河的诗意。

江西藜蒿

春水泱泱，沙洲鲜靓。藜蒿青翠，芦芽萚（tuò）紫。正是食春时节。

江西烹饪大师邬小平快递来"藜蒿"以及自己做的腌肉，并说："藜蒿，是我们江西鄱阳湖特有的野生植物，江西人的最爱。江西有一句话：鄱阳湖的草啊，南昌人的宝。这个草就是藜蒿，每年春三月，在江西人看来，是珍贵的美味。我还给你们寄了一些自己腌的腊肉。'藜蒿炒腊肉'要用我们南昌当地腊肉。把腌制的腊肉，切成丝，在锅里煸炒。放姜丝、干辣椒丝，再放韭菜。韭菜带梗带叶一起放下去，煸炒。这是我们南昌人的吃法。"

吃江西的"腊肉炒藜蒿"很香。藜蒿有水草气息，是菊和鱼腥草的交合味儿；最耐人的是它的口感，轻微的韧和脆。这个韧和脆将随着季节慢慢褪去。最后老而柴了。

"腊肉炒藜蒿"加了韭菜同炒，味道复杂浓郁，尤其是用江西余干小辣椒和青红辣椒炒，一下子就把春天的气息带的浓烈了。这和江西人的脾气性格一样。

连吃三日"藜蒿炒腊肉"，始觉藜蒿有趣。东坡诗"蒌蒿满地芦芽短"的蒌蒿就是藜蒿。藜蒿是古老植物，也是大家族。藜蒿的趣，是野趣。

芦蒿原名蒌蒿，又名白蒿，古名蘩（fán）、蔏（shāng）、皤（pó）蒿，旁勃等，是我国南方土生土长的蔬菜。汉《毛诗正义》说："蒌，草中之翘翘然。"

如今，除了蒿、艾、蒌这三个名字外，古文里其他指蒿的文字都不用了，"蒿"成了蒿属植物的通称，"蒌"，也只存在于"蒌蒿"这个复合名称中，在口语中称为"芦蒿""藜蒿"。

藜蒿也是文艺和文雅的。

"蒌蒿二月生，细白美盈寸。"（清人马曰琯《咏春蔬组诗·蒌蒿》诗）早春二月，芦蒿应市。"好友围桌三面坐，还有一面让桃花"，江南的春天便永久地留在人生的记忆里了。所以元诗人耶律楚材在垂垂老矣的时候，还忘不了那"细剪蒌蒿点韭黄"的日子。芦蒿是春蔬之上品。

在欧洲历史上盛极一时的苦艾酒（absinthe），其原料之中也有蒿属植物，制作方法是用高浓度的蒸馏酒浸泡、萃取某些蒿属种类花和叶中的精油成分。

瑞士医生用一种艾草做的酒来治疗病人脑力恢复，而这种淡绿色的药酒能产生迷幻作用，文化创作者发现会带来源源的灵感，犹如魏晋离不开"五石散"一般，不少颓废诗人和先锋画家都对苦艾酒情有独钟。

苦艾酒的主要原料是苦艾、茴芹及茴香。这三种原料常被称作"三位一体"。因酒液呈绿色，苦艾酒被称为"绿色缪斯"。

十九世纪的最后十年，法国、艺术、享乐主义与苦艾酒都有说不清的关系。

梵高的名画《向日葵》中，绚丽的黄色系组合乃源于苦艾酒中华丽的棕黄色，色彩单纯强烈，满怀炽热的激情且笔触粗厚有力。每当喝起苦艾酒，梵高的个性就愈发刚烈，创造他的标志性的绘画风格。

后来，梵高，更常常被外界归咎于大量饮用苦艾酒所致。

听说，获得诺贝尔文学奖著名作家海明威也是个苦艾酒徒，苦艾酒在海明威笔下随处可见，在《山如白象》中男人与姑娘关于"甜丝丝的像甘草"的苦艾酒对话；《丧钟为谁而鸣》中，海明威还创作了著名的"死亡午后"苦艾鸡尾酒，苦艾酒和香槟的混合，也被称为"海明威香槟"。

忽然想到，下次用苦艾酒和藜蒿炒腊肉相配，看能碰撞出什么效果。

春天煮菜粥是为滋润

荠菜味道鲜美，不只远胜于苦菜、马齿苋等，较之白菜、菠菜之类也别饶有一股清香。所以如此，因为它富含多种氨基酸的缘故。

其烹调方法也多，如作菜粥、菜饭，或炒或拌或煮，以及作馅。梁代陶弘景在《名医别录》中，说它"叶作菹（zū）、羹亦佳"。

说明也可以作咸菜、齑（jī，切碎的腌菜或酱菜）菜之类。

用荠菜和米糁（shēn，谷类磨成的碎粒；sǎn，煮熟的米粒）作粥，苏东坡在给他的友人徐十二的信中述之颇详："今日食荠甚美。念君卧病，面、醋、酒皆不可近，惟有天然之珍，虽不甘于五味，而有味外之美……君今患疮，故宜食荠。其法：取荠一二升许，净择，入淘了米三合，冷水三升。生姜不去皮，捶两指大，同入釜中。浇生油一蚬壳，当于羹面上，不得触，触则生油气不可食。不得入盐、醋。君若知此味，则陆海八珍，皆可鄙厌也。天生此物以为幽人山居之禄，辄以奉传，不可忽也。"

据说这是"东坡羹"的做法。古时的做法，和现今总有一些出入。皆因时空扭错，物是人非，习俗不同耳。

这两年春天，我会煮一些芽菜吃，比如荠菜芽、苋菜芽、茼蒿芽、芹菜芽。煮，更能吃出芽菜的清鲜。另外，按照"东坡羹"的思路，也可以用粥煮，粳（jīng）米、籼（xiān）米、黄米，甚至高粱米、燕麦、莜麦、藜麦、青稞；当然类似八宝粥属都可以。

青菜煮粥，粥可稠可薄；米可粗可细。煮芽菜粥，可在粥煮得之时，研山葵为茸，混粥中；略调淡盐底味。山葵辣，因人而异。米粗可名为"芽菜山葵粥"，毋米可命名"芽菜山葵羹"。

此味养胃，清雅舒畅。春三月有这样一碗粥，配几支咸菜，是为滋润。

樱花鲷

　　那年樱花时节，去日本看樱花。上野公园里，提前一个星期就有人去占位。情景如当年家家户户买冬储大白菜。公司派出小力巴职员，在樱花树下，铺上塑料布，七躺八歪地看着书。公园里有卖关东煮和章鱼小丸子的摊。

　　樱花开，在日本有预报。就像我们的天气预报。记得那次是夜里开的，第二天看，樱花开得满树繁锦。

　　日本料理的重要特色，是师傅们选用材料时的"季节感"。随着季节的变化选择食材，这是理所当然的事。日本人对于季节敏感，毋宁说是日本文化的一部分。在他们文学作品的小说、诗歌里，在生活艺术的插花、茶道、衣着里，在地方节庆与祭典中，处处都可以观察到他们对季节变化的重视与讴歌。

　　川端康成的小说，对京都每个月的种种细微变化，都不着痕迹地在字里行间作细腻的描述。季节风情，总会巧妙地藉着蝉声或萤火虫暗示着夏天，或是借着樱花与初生的小草暗示着春天。

　　樱花是日本的国花。樱花在日本人心中是至高的。鲷鱼在日本人食物里也是至高的。有句话："花中樱，鱼中鲷。"早在数千年之前的绳文时期日本人就开始食用鲷鱼。日本最早的诗歌合集《万叶集》收录了与鲷鱼有关的诗歌："我欲食鲷鱼，酱醋调配捣蒜末，莫要水葱羹。"

　　忍了疫情好久，想念久别不见的人，也心心念念，春天表姐家的吃食。

　　表姐家的日料随季节的变化。这几天快到樱花季了，昨天表姐终于盼到了"樱花鲷"。

不同季节真鲷有各种叫法。最有名的当属春季一月到三月的"樱鲷"。春季是日本樱花盛开的季节，同时也是鲷鱼的产卵期，成群的鲷鱼聚集在濑户内海或伊豆等海湾，为了繁殖开始大量进食，油脂最为丰富，体表也如樱花一般娇艳，太美了，像少女的肌肤，好看的不忍吃。此时的真鲷又被称为"花见鲷"。

高颜值的樱花鲷在春天里，口感清澈中透着隐隐的甜，与三文鱼的绵软和金枪鱼的浓重不同，鲷鱼刺身肉质紧实甘甜且不肥腻，味道相对内敛，需要细细品味，方能体会清淡优雅滋味。蘸点酱油，裹上芥末入口，冰爽嫩鲜。喜欢的人和喜欢的食，都一样，清新自然，舒适亲切。可还会来吃，还可再见。

"烧き物"（Yakimono），炭火烤樱花鲷在清酒里面浸泡过后，撒盐，炭火烤，水分都在里面。樱花鲷不大。烤最好，软嫩，鱼的鲜味都在。

"石锤"（开场酒）是春天的荷尔蒙，催化樱花鲷的青春气息。这款酒产自爱媛县。用爱媛县的酒米，取西日本最高的山峰石锤山的水酿造。在最寒冷的二月份低温发酵 30 天。这款酒非常甜美，有春天的花香，有春天的甜蜜，配刺身、樱花鲷，就是那么相宜。

第二款喝带冰渣渣"银河铁道"。这款酒也出自爱媛县。要在零下18℃冷藏保存，提前 20 分钟拿出来，常温一会再喝。喝的时候带着冰渣渣，像早春穿短裤的女生，爽。刚入口时有点像伏特加，也有中国白酒的味道，慢慢出巧克力和咖啡的口味、香气，后味更复杂。和成熟的女生一样，不可琢磨。

最后见"樱花冻"。极好。一朵樱花睡在清明的啫喱冻里，酸酸甜甜，像小女生粉嫩的脸颊。樱花冻沁心，不愿离去。

茱萸粥

住家小区外，一片树木开了花。这花儿柔和、静美、缥缈，宛若金色的氤氲。

这花儿是山茱（zhū）萸（yú），北京少见。竟在春日中，忘了还有这一姣好春色。我好奇，走近了看，每朵花是有三十余朵小花簇成一团，小花上四个竭力向外伸展的花蕊，像女生的长睫毛。

从黄蜡梅起，又是迎春、连翘、金钟、山茱萸。春的花信，黄灿灿的，从早春到暮春。

山茱萸算不上漂亮，但娇俏别致。它的美，似乎只可意会。柔而不弱，韧而有劲，给人一种淡淡的感觉。

茱萸，好熟悉的名字。王维《九月九日忆山东兄弟》诗句有："遥知兄弟登高处，遍插茱萸少一人。"不过此茱萸是吴茱萸，非山茱萸也。

山茱萸，俗称枣皮，是滋阴补肾的传统名贵中药，其花金黄灿烂，典雅幽香，开花早。花期三到四月，果期九到十月。

山茱萸的红果，也叫药枣，是一味平补阴阳的药物。药膳偏方里，可作调养肝的食谱、阳痿早泄食谱、壮腰健肾食谱。煮茱萸粥，用粳米、红糖、山茱萸。文火煮至微滚到沸腾，以米开粥稠，表面有粥油为度。每日晨起空腹温热顿食一次，十天为好。

我看网上说明，契合我年龄和症状：肝肾亏虚、阳痿遗精、腰膝酸软、头晕目眩、耳鸣耳聋。

从今天开始喝茱萸粥。

有多少苦味可以品尝

味道有多少种？有说五种的——酸甜苦辣咸；有说七种的——酸甜苦辣咸鲜香。这些都是单一味。如果再说复合味，就更多了。

这些味道里，我最爱吃甜。直到这几年，才能吃苦味。

苦味是什么呢？

我童年时身体羸弱，三天两头头疼脑热，吃中药汤子成了家常便饭。每次母亲悉心熬好中药，端给我，我都会哭得上气不接下气。药汤子黑乎乎的，像伸手不见五指的夜，让少年胆颤心惊。每次我都是鼓足勇气，憋上一口气，喝下去。喝完会打个冷颤，难以名状的苦味，一次一次地镌刻心中。

说起苦味，我是憎恨的，避之不及。南方人嗜吃苦味，吃豉汁苦瓜、用苦瓜煲汤、酿苦瓜。还说苦瓜有甘味，这让从小喝中药汤子长大的我，甘拜下风。我是一片都不能吃的，喝完苦药汤子再吃苦瓜，这事万万不可以。

这是味苦。

青春期，赶上插队了。夏天割麦子，真是苦啊。一米九二的个头，要弯下腰去，顶着烈日，汗一遍一遍地出，衣服上落叠出一层一层的汗碱。胳膊腿上湿漉漉的，麦芒扎得一片红，汗再出来，刺痛难忍。麦田里蚊子一团团的，专叮出汗的人。久弯下去的腰已经不能直立，弓着身子歇口气，斜着眼睛看望不到尽头的麦子，仿佛看不到头的希望。

工作时，入了厨师行。夏天炒菜，大个子头在烟罩子里，油烟在肺里打个转，再排出去。夏天我在灶台上放了一个温度表，测到过五十八摄氏度。灶台和裤裆一边高，高温烤了家雀儿，起了痱毒，走路要叉着腿。

这些都是劳苦。

十年前投资郑州店，赔钱了，心中暗暗叫苦。前年投资纽约，失控，各种不如意。最后下决心关掉。一片心血付之东流。壮士断腕，可悲可叹可惜。

这是心苦。

一个人经历了非典，又经历了新冠肺炎，这是命苦。这命不是一人，这次是全国老百姓一起经历了惊心动魄的过程。老百姓真是不容易。

前几天吃苦瓜炒鸡蛋，突然不觉苦，不但不觉苦，反而有一种从来没有的味道，这个味道是好感。有好感不容易。好感分两种。一是从开始就有好感，这种好感类似一见钟情，这是最容易得到的；二是后来慢慢有好感，这需要改变，或者是你改变，或者是另一方改变。改变是很难的事，有时候一辈子都不可能改变。

我怎么就改变了呢？吃鸡蛋炒苦瓜，觉得苦瓜不甚苦，倒觉有清香，也吃出南方人说的回甘。试着用苦瓜煲了排骨汤，第一次觉得咸鲜中有了甘味。这真奇妙。

苦是个好味道。九转大肠的味道是酸甜苦辣咸，这里面的苦味来自于炒糖色和去脏气的砂仁、豆蔻这两味中药。不炒糖色，不会有枣红般的色泽，九转大肠就不能让人悦目。糖色是苦的，苦增加了九转大肠的风味。有了苦味，九转大肠的味道层次分明起来，酸甜苦辣咸，一个一个的味道次递而来，甜的后面接着苦。甜和苦转接的特别自然，一点都不唐突。苦是酸甜和辣咸的转承。没有苦，甜的味道会很突兀，没有甜和苦对比，甜就是傻甜，没滋没味的甜。

人的一生，自然会经历一些苦。这些苦，增加了人生色彩；人生五味杂陈，滋味绵长。苦能让人感知甜美，苦能让人坚毅起来，苦更能让人发奋图强。

苏东坡人生阅历最是丰富，一生尽尝贬途之苦，自嘲"问汝平生功业，黄州惠州儋州"。三十岁经历丧妻之苦，十年后，写出《江城子·乙卯正月二十日夜记梦》，"十年生死两茫茫，不思量自难相忘"。

被贬黄州四年，自道其苦："自我来黄州，已过三寒食。年年欲惜春，春去不容惜。今年又苦雨，两月秋萧瑟。"黄州却是他文学作品的高起之处，《前后赤壁赋》《念奴娇·赤壁怀古》《水调歌头·明月几时有》都是在这个时期所得。

苦与甜是相对的，正像福与祸一样。这些关系在一定条件下，是因果关系，可以转化的。

苦是形声字，从草古音。古是固的本字，苦味从舌根起，真是固有的味道。苦最初是指苦菜，后引申为人生各种苦。如佛教说人生有八苦：生、老、病、死、爱别离、怨憎会、求不得、五阴炽盛。

没有吃不了的苦，也没有享不了的福。人生苦短。只是要知道，苦不是人生的全部，苦尽甘来，人生才会丰富多彩，余韵悠扬。

癞葡萄

前年在杭州朋友家的饭桌上，看到像小苦瓜的果，亮黄色。以为好看，要了两个带回北京，放在案头上。不成想，几天后——爆开，里面有艳丽的红籽，有懂得的人说，这是"癞葡萄"，有的地方又称"锦荔枝"，是水果。

查资料又知道，癞葡萄是葫芦科小苦瓜的一个变种。或者说，癞葡萄是苦瓜的一个品种，而且是一个古老品种。虽然癞葡萄和苦瓜同为苦瓜属，可区别还是很明显的。癞葡萄与苦瓜，一个吃籽，一个吃肉。

汪曾祺知道"苦瓜"之名，是看石涛画的题款。石涛别号"苦瓜和尚"，他酷爱吃苦瓜，甚至光吃还不够，还要将苦瓜放在案头日日供奉。"要想画的好，苦瓜不能少。"

一直认为鲜艳，是在掩饰真实目的。

多年前去扬中，见识野生有毒河豚，比养殖河豚要鲜艳。养殖河豚基本已经没有了毒素，也没有了鲜艳的色彩。

毒蘑菇大都鲜艳。在云南见新鲜的"见手青"，懂的人说，有微毒，要多煮一些时候才可以吃。有一年，有朋友送来黄牛肝菌，鲜土黄色。我以为是安全的，按一般炒菜煎煎就吃了。马上渐觉心跳加快，呼吸急促，双眼红得像小兔子。躺下闭上眼睛，渐渐自己去了另外一个世界，缥缈和虚幻，还有一些快感，这是中毒的症状。使劲喝水，催吐。一会儿迷迷糊糊地睡着了。

癞葡萄艳丽像癞蛤蟆的模样，里面鲜红如血的籽，让人警惕和好奇。

绿色的苦瓜像玉一般晶莹。成熟后的籽是鲜艳的明红，与外表形成补色对比的色彩关系，这样红绿的组合也是最夺目的配色方法，是植物在大自然为生存产生的色彩进化。

红色是植物中最耀眼的色彩，是自然界中竞争力最强的颜色，紫色当仁不让，所以有红得发紫一说。

如果花朵是白色就是无彩色。不能靠视觉凸显自己，就要靠气味来吸引注意，如夜来香花、七里香花、茉莉花，芳香四溢，沁"鸟"心脾。

植物是这样，女孩也是这样，都说十八岁的姑娘一朵花，就是说，刚刚成熟的女孩是一生中最艳丽的时刻，最美也美不过少女初长成。

盛夏繁花似锦，红色、黄色、粉色、紫色的植物争奇斗艳。大自然中，植物的艳丽是为了凸显自己，引起注意，招蜂引蝶，传授花粉或者借鸟儿们的嘴，把种子传播的更远，传宗接代，为的是生存的竞争力。

如是，有姿色人总是能让喜爱，温柔的人总是让人怜爱；美是竞争力，女人们为了美，不惜晚睡早起，化妆是天大的事。据说宋美龄从来没让蒋见过素颜。

鸟儿的竞争力大致有三：一是鲜艳的羽毛，二是强壮的体格，三是悦耳的叫声。

笨拙的人，嘴不讨巧，让人赞誉的是干活靠一把力气。当年我当劳动模范的时候，年轻力壮，对党忠诚，钻研技术，苦干实干。那时候最反感拍马屁的人，往往靠一张巧如舌簧的嘴，获取好感，博取上位。

人的竞争力，也有一种是语言的馋媚，这是利用听的人心里的受用。在商业上这是最有效的营销效用。"王婆卖瓜"要自卖自夸，还要夸买瓜的人，要夸买瓜的人懂瓜。

色彩理念上的鲜艳和平实，也殊有不同。当代色彩设计流派众多，极简主义者经常挂在嘴边的经典名言：少即是多，就是出自于包豪斯，被称为兼具现代化和人情味的设计。

北欧并没有所谓的"北欧风"，这种在世面上流行起来的"北欧风"是受十九世纪二三十年代的"包豪斯风格"的影响，既是复古的又是现代的。

我喜欢色彩设计且推崇"风格派"蒙德里安的三非原色（黑、白、灰）搭配恰当的三原色（红、黄、蓝）来打破沉闷的传统空间。这可能和年龄有关。

鲜艳是一种表达，黑白灰也是一种表达。平实的话是一种表达，好听入耳的话也是一种表达。表达有千万种。能够识别表达需要智慧，也是有趣的事。

春天吃福山鲅鱼饺子

很早，和王义均师父回老家。师父家在山东福山河北村。村子在海边，是典型的渔村。师父的二兄弟是渔民。我们是自己开车去的。临近村子的时候，突然发现头顶的天边有一条线，这条线是天空和大海的天际线。渔船在天际上是众多的小黑点。村子里的房屋和海边渔船的桅杆交叠在一起，像是用摄影的望远镜头压缩在一起。

进二叔家，早就备好了饭。都是用搪瓷盆装的。一盆扇贝，一盆大虾，一盆海蛎子，一盆海杂鱼，一盆白馍馍。二叔家的哥把活鱿鱼切了，蘸着酱油吃。我心里纳闷，怎么能这样吃？

大家使劲吃，嘴巴甜甜的鲜。大葱蘸酱，酱是虾酱，用煎饼卷着吃，是传统吃法。最后是一大盆鲅鱼饺子。师哥屈浩吃了七个，我吃了八个，两个人坐在凳子上，肚子腆着，头向上，都吃撑了。

福山做鲅鱼饺子是传统，福山人做得好，也会做。

鲅鱼是春天的鱼。

在日本料理里，鲅鱼直接被称为"鰆鱼"。鰆在俳句中常作为春的季语出现。

我最早吃鲅鱼是在澳门。去澳门吃葡国菜，吃葡国鸡，吃马鲛鱼。把马鲛鱼切一厘米厚的片，用黄油煎了，配洋蓟生菜，柠檬奶油汁。总觉得马鲛鱼柴老，也有一些腥气，不是太喜欢。

鲅鱼最终极的好吃，还是烟台福山的鲅鱼饺子。

韭菜是从地里刚割出来的，鲜溜溜；鱼也是刚从海里打出来。鲅鱼去头去刺去皮，剁砸，加肥肉，往里打水。鱼要新鲜，吃水量就大。馅里加葱姜，也可加点面酱。盐要准确，水恰当，打出的馅有弹力，倍儿嫩。在饭馆里，鲅鱼剁成茸后，还要过箩，这样口感更细腻。包的时候再加韭菜，给点花生油和香油。福山的鲅鱼韭菜饺子很大，恨不得一两一个。大小伙子吃七八个也就饱了。更何况已经吃了一肚子大虾、扇贝、煎饼卷大葱蘸虾酱呢。

鲅鱼韭菜饺子就是两个字：鲜嫩，鲜是春天的第一口鱼鲜。做鲅鱼饺子馅，只有韭菜能配。别的任何菜蔬都逊一截。人间有董永七仙女的天仙配，食美唯鲅鱼野鸡脖（野鸡脖韭菜）的连理合；嫩是胶东人的调理鲅鱼制茸的手艺。

鲅鱼原来也叫鰆

鲅鱼属洄游性鱼类。每年初春,从南往北,沿日本海南部、东海洄游,最终在黄海产卵。渤海早年间也能形成春汛。从南到北,马鲛鱼的名字也随着变。南方习惯称它们为马加鰆(chūn)或土魠(tuō),北方则通常管它们叫鲅(bà)鱼。

在日本,马鲛鱼被称为"鰆鱼"。在不同地区、不同成长阶段也有不同的名字,比如在西日本,1公斤以下称为"サゴシ"(sagoshi),1公斤以上才可以称为"サワラ"(sawara)。

春至初夏是鰆鱼产卵的季节,此时从外海游入濑户内海的鰆鱼向沿岸地区、海水表层靠近,所以自古以来和歌山、冈山等地的渔人便在此时捕捞鰆鱼,有食其鱼肉、真子(卵巢)、白子(精巢)的食文化。在樱花季节捕捞的鰆鱼更被和歌山人称为"樱鰆"。新鲜的鰆鱼肉质软嫩,刺身或稍腌渍后握成寿司都显得清鲜可口,丰腴回甘;还可烤鰆鱼、鰆押寿司、鰆茶泡饭、鰆炸物、鰆白子配橘醋。"塩烤""霜造り""煮付け",亦或是"西京烧き"都很出彩。

在中国,煎或腌渍、熏,做鱼茸、鱼丸子南北通行。

潮汕渔谚:"四月巴浪身无鳞,五月好鱼马鲛鲳。"

潮汕还有一句饮食谚语:"好鱼马鲛鲳,好菜芥蓝蒝(yuǎn,芥蓝菜的花苔),好戏苏六娘。"潮汕人喜欢做马鲛鱼粥、马鲛鱼煮贡菜、香煎马鲛鱼、打马鲛鱼丸。腌咸鱼有霉香,用来炒饭能香两条街。

广东阳江的马鲛鱼饭远近闻名。

舟山地区人说:"青占与马鲛,鲜美胜羊羔。"舟山人吃马鲛鱼比较简单，只需一碗泡饭，两片熏马鲛鱼，一口泡饭一口鱼，那叫一个落胃。舟山还有的吃法是：熏马鲛鱼，糟马鲛鱼，雪菜烧马鲛鱼，香煎马鲛鱼。宁波人称马鲛鱼为鰆鯃，白话写成川乌。宁波最家常的做法是雪菜鰆鯃鱼。

山东大致是吃鲅鱼饺子，红烧、炖、酱焖、茄汁浇、熏。在烟台黄县，有句俗谚："马蔺开花，鲅鱼来家。"黄县马蔺一般四月下旬开花，五月中旬进入盛花期，鲅鱼也是在四月下旬到达黄县沿海的。胶东人说："加吉头、鲅鱼尾、刀鱼肚子、唇唇嘴。"唇唇嘴，应是指的一种淡水鱼，正名"唇鱼骨（huá）"，其特点是唇发达，下唇两侧叶宽厚，一般具有皱褶。肉质鲜嫩，味美。

我一直把"鲅鱼"写作"鲃鱼"，还写在菜谱上。不知道从什么时候开始，信息里"鲃鱼"变成了"鲅鱼"。

有人不认鲅字。二十世纪六十年代出版的辽宁省地图上，还把鲅鱼圈标注为"巴鱼圈"呢。

鲅鱼好吃，除了山东福山的鲅鱼饺子。最简单又经典的吃法是香煎。新鲜马鲛整鱼横切一厘米厚的片，用盐略微腌渍，再稍稍风干，使鱼肉紧实入味。盐腌是做马鲛鱼的关键，经过轻腌后的鱼肉不会柴，整片鱼排放入平底锅用猪油干煎，这是潮汕人口中的"白鱼浮勝（láo）煎"，随着鱼脂渗出，焦香四溢、满口留香。

海南地区也是煎，有名菜"香煎马鲛鱼"。蘸一点酱油、辣椒，加一点小橘子汁，一口下去，胃就开了……

哈尔滨大美女"心必女"的姥姥是山东黄县人，姥爷是掖县人，做鲅鱼很拿手。

除了剁馅包饺子，把从海里捕捞上来的鲅鱼撒上海盐用绳子串起来晒，晒干的咸鱼干可以一整年蒸着吃。

日常家做，要提前一晚用冷水把鲅鱼干泡上，去掉海盐的咸。第二天把水沥干，切成寸断，用黄酒淋在上面去腥味。鱼下垫上手指粗的山东大葱段、土豆块或晒过的萝卜干。淋上酱油、色拉油、白糖，放上几颗大料，拌均匀，蒸二十多分钟。咸鱼里散发出的鲜味能溢满整个屋子。熟后的鱼肉白色蓬松鲜软，土豆泡在鱼汤里沙沙的，好吃极了。再配上山东特有的戗面大馒头、白米粥。

馋是挥之不去的美好回忆，是想吃又得不到。无论身在何处，思乡的蛋白酶都会发酵。

酥鲫鱼

吃鱼，首要在鲜，次要是肥。肥而且鲜，非春之鱼莫属。

春天吃鲫鱼，以"萝卜丝鲫鱼汤"为冠味，再者可吃"酥鲫鱼"。

酥鲫鱼在苏州菜里有名，山东菜里出名，河北邯郸也有吃法。一说，魏晋时期由民间传入宫中，北宋初年由宋太祖赵匡胤（河北人）圣旨御封，从此尊称"圣旨骨酥鱼"。制作骨酥鱼，关键在"料窨"。

酥鲫鱼的"料窨"是什么？我很感兴趣。

在网上查资料得知，料窨是做骨酥鱼的一道关键程序。在特定的容器内，不加一滴水，通过温度的作用，把固体调料和液体调料混合后产生的气体调料作用到鱼体。如果不料窨做鱼，则需要靠添加剂达到骨酥和调味，否则做出的酥鱼落口苦、回味腥、肉质散。

这里有几个关键词："特殊容器""不加一滴水"。

是不是这样呢？我做"酥鲫鱼"的体会是这样：锅底放略拍松的大葱、姜；把洗干净的海带和去除内脏、洗干净的鲫鱼，分别一层一层"摆"（或者"码"）入大锅内，放米醋、酱油、盐、料酒、香油。汤汁的味道以酸为主。香油要盖满锅面。小火焖八个小时。

这里有几个关键点。一是不加盐或少加盐。满满一大锅汤汁，焖八小时，汤汁会全部焖尽。如果一开始盐味合适，汤汁焖尽时，则已齁了；二是香油盖满。香油盖满的作用是把香油当成一个严密不透风的盖子，形成高压锅的效应；三是小火焖。小火到什么程度呢？到只是冒泡。一分钟冒五个泡。据说醋里酸可分解鱼骨里面的钙。再加上长时间和高温。小鱼必骨酥肉烂。

网上"料窨"的解释有点故弄玄虚。

我说的做"酥鲫鱼"的方法,可以从制作"德州扒鸡"得到验证。当年我也做过"扒鸡",除了香料之外,扒鸡能够"骨酥肉烂",就是小火和长时间焖煮。

明初苏州韩奕《易牙遗意》载有"酥骨鱼","鲫鱼用酱油、水、酒少许"及紫苏叶、甘草"煮半日"。这个煮半日是多长时间?清《调鼎集》说明白了:酥鲫鱼须"点灯一盏燃锅烧一夜"。

"酥鲫鱼"是一道春天可食的鱼,且一鱼两味,同时做出了"酥海带"。酥鲫鱼老少皆宜。除了味鲜酸爽外,略甜咸。骨酥肉烂,只是没了鲜鲫鱼肉如玉一般的色观。

最后,关于鲫鱼名解释如下。

古代中国,鲫鱼的重要性竟然深入洞房。《仪礼·士昏(婚)礼》中有载:古时候结婚,礼毕要吃鲋(fù)鱼。道理何在呢?"即"的本意是指"就食",鲫鱼当为可食、常食之鱼了。

也有学者认为,鲋鱼有"富余"的谐音之意,吃鱼便成喜庆兆头和日常仪式。加之鱼产卵时籽多,亦有多子多孙的联想,古人结婚时便有吃鲋鱼的习俗。

宋朝陆佃在《埤雅·释鱼》中解释:"鲫鱼旅行,以相即也,固谓之'鲫';相鲫相附,也谓之'鲋'。"这是把男女的相依偎,看作鲫鱼一样结伴而游了,生动且活泼。

自然界之美,给了我们人性化的无限想象空间,联想西方名画中裸体男女的深情凝视,鲫鱼之相附,显得委婉清趣得多。

玫瑰饼

　　紫藤花开，吃藤萝饼，玫瑰花开，吃玫瑰饼。玫瑰色泽瑰丽，芳香迷人。是多情花。

　　妙峰山玫瑰花，是北京地域名花。有几百年历史。妙峰山的涧沟又称"玫瑰谷"。妙峰山的玫瑰，花型大、花瓣厚、颜色深、香味浓、含油高。提取精油、茶窨、酿酒、入药、食用、制酱皆为妙品。

　　保加利亚也有"玫瑰谷"，在卡赞吉克，也著名。总有朋友给我带来中东的玫瑰花，都是干花，朵大花香浓郁。

　　玫瑰在古今中外生活和文艺中有大量描写。《红楼梦》写了玫瑰，第三十四回《情中情因情感妹妹　错里错以错劝哥哥》这样说：王夫人听袭人说宝玉不喜欢吃玫瑰卤，便给了袭人几瓶玫瑰清露，"只见两个玻璃小瓶，却有三寸大小，上面螺丝银盖，鹅黄笺上写着玫瑰清露、木樨清露"。袭人笑道："好尊贵东西！"王夫人说那是进上的。

　　去年吃"一坐一忘"的手工鲜花玫瑰月饼。这月饼有浓郁的玫瑰香，又有云腿的咸鲜。甜而咸，热情内敛。彩云之南的生活气息，就像这只饼。

　　玫瑰饼是北京传统点心。北京人的食品讲究季节，糕点铺重视节令。春天，北京的点心铺会贴出"鲜花玫瑰饼、鲜花藤萝饼，应节上市"，成京城一景。

　　传统玫瑰饼是糖馅和酥皮制成的食物，用"蜜"的玫瑰花。

　　谁都做玫瑰饼。但味道都不一样，因为不同人吃，吃的人心境也不一样。

我用妙峰山玫瑰做玫瑰饼。出炉的玫瑰饼洋溢着迷人的花香，外皮酥润、芳香馥郁、回口甜香。真醉人。

玫瑰花太美太浪漫。发散出来，玫瑰系列都和浪漫有关。

玫瑰花用来追求女生。

朗姆玫瑰鸡尾酒是一杯有情调的酒。

奶茶撒上干玫瑰花瓣就风情多了。

把玫瑰精油做成玫瑰鱼籽，放在炖好的冰糖燕窝里，能把女生感动了。

我觉得做玫瑰饼，女孩子要学一学，这是个非常有意思的事。在春天一个有阳光的午后，自己亲手做一款玫瑰饼，一杯清茶，放一个黑胶。一半烟火、一半诗意，这怕就是最理想的生活。

有玫瑰的地方就有爱，有爱的地方就有美食。

没有玫瑰的"玫瑰挞"

胡因梦是大美人。她的人生可以用玫瑰形容。璀璨而又悲戚。

李敖讨女孩子欢心有心得:"送花。我的女朋友 18 岁生日时,我送她 17 朵玫瑰花,然后在卡片写着另外一朵就是你。"

李敖和胡因梦结婚是噩梦开始。李敖对胡因梦这朵玫瑰只有折枝的冲动,是雄性动物占有的欲望。结婚是李敖折枝成功。只有短短 115 天,这支玫瑰被野蛮蹂躏。梦醒时分,胡因梦说:"同一个屋檐下,是没有真正美人的。"

所以美好只是想象。

要说玫瑰人生,看得最透彻的就是张爱玲。《红玫瑰与白玫瑰》里的名句子:"也许每一个男子全都有过这样的两个女人,至少两个。娶了红玫瑰,久而久之,红的变了墙上的一抹蚊子血,白的还是'床前明月光';娶了白玫瑰,白的便是衣服上沾的一粒饭,红的却是心口上一颗朱砂痣。"

张爱玲一生爱过的男人不多,给她人生带来冲击力的,非胡兰成莫属。如若说张爱玲像一朵玫瑰,这个男人就是从她心里长出来的刺。没有这根刺,她的人生太淡漠;有了这根刺,她每走一步都伤痕累累。

玫瑰是有理想的。玫瑰的理想是不长刺,不被插花瓶,而是用自己的芳香,让春色永驻人间。被众人品赏,不再和负心一人缠绵。

春天做啫喱布丁,玫瑰色的。玫瑰化身在晶莹剔透布丁里。人们赞美、感怀,因为这是玫瑰的炽热芬芳、娇艳容颜和韶华青春,她的雅淡气息被凝固在这方寸间。刹那变成了永恒。

玫瑰在春天里可以尽情绽放。玫瑰冰淇淋甜香透爽,香是加入了糖渍的玫瑰花酱。玫瑰马卡龙的夹心也是玫瑰花酱。覆盆子玫瑰鸡尾酒，是把玫瑰花打成了浆。

我吃过酒酿玫瑰口味雪糕，轻轻一吸吮，就触碰到了初恋的甜蜜。外层包裹着玫瑰口味，里面浓浓的糯米香，带着米酒的清甜。在卿卿我我糅合。

玫瑰被糖渍了，是幸福也是美好。玫瑰和蜜糖好。这是玫瑰的凤凰涅槃，是重生和再造。弃小人猥琐而获得清明大观。

人们暗恋玫瑰，想念玫瑰的模样，就做出很多玫瑰的美食，让玫瑰和人们过日子。

煮一杯红茶加了玫瑰，午后的阳光香甜起来。玫瑰奶茶、玫瑰花茶都让人暧昧。

玫瑰出门了，用布朗果再做个"玫瑰挞"吧，没有玫瑰的"玫瑰挞"。

把整个李子切薄片；锅内加入 500ml 糖，500ml 水，两汤匙意大利苦杏酒，煮开；加入李子薄片，慢煮十分钟；过滤出汁；将卡士达酱挤在蛋挞壳内；改刀李子片，将片卷起来，卷成玫瑰花状，放在挤好卡士达酱的蛋挞壳上即可。手捧着没有玫瑰的玫瑰挞，头向着窗外，等玫瑰回家。

玫瑰是美人，糖水是玫瑰的美颜相机。玫瑰真美。我想说："贪看美人者，须耐梳头。"

烫嘴的 DD 蛋挞

甜蜜总会和悲催联系在一起。这就像一个魔咒。说澳门，赌博这个魔绳没人能够解开，有赢有输，最后无不铩羽而归。澳门代表性点心"葡挞"，声名远播，却是一段失败婚姻的产物。

我每次去澳门都会特意去一次凼（dàng）仔。这是一处老街，紧挨着海边。中不中西不西的房子，应该是上世纪的建筑。安德鲁蛋挞店在凼仔旧城区地堡街 13-14 号，店铺是临街门脸，店很小，是那种前店后厂式的。离铺子还很远就能闻见浓浓的奶油香味。那一刻口水立刻就会涌出来。买完蛋挞，端着盛蛋挞的盒子，或者一边走一边吃，或者过马路到对面的大榕树下坐在石凳上吃。蛋挞拿在手里不温不烫，一大口咬下去，像含了个烧红的煤球，烫得很。我的上颚立刻被烫出一个大水泡。这不是一次，我被烫出过三四次。美食和美女对你的伤害，人是不长记性的。

澳门是燥热的天，最冷的冬天也可以坐在外面吃蛋挞。坐在大榕树下吃蛋挞，海风刮来，能闻到海的气息。心随着蛋挞的奶油香气，飘得很远。

我把澳门的葡挞方子带回北京，并成功复制出来。烤出来的蛋挞也是那么饱满，浓郁的奶香和焦糖的甜香，柔软滑嫩，也让人口水哒哒的。

回来后我们再也想不起，在澳门我们吃的是什么名字的蛋挞了。想了半天，就在嘴边上，说不出来。突然甩果汤汤说，想起来了，是杜蕾斯蛋挞。几秒钟的沉寂后，突然爆发出一阵大笑。杜蕾斯蛋挞，我的天，亏你想的出来，估计是杜蕾斯用多了。嘎嘎嘎。

蛋挞充满了诱惑。个中秘密像个谜团。"挞"是英文"tart"的音译，指馅料外露的馅饼。蛋挞即以蛋浆为馅料的"tart"。

葡萄牙式奶油挞，又称葡式蛋挞，港澳地区称葡挞，是一种小型的奶油酥皮馅饼，其焦黑表面（是糖过度受热后的焦糖）是其特征。

做蛋挞并不难，关键是蛋液里，蛋黄、牛奶、砂糖、淡牛奶的比例和挞皮的开酥工艺。另外，烤制时间很重要，一定要烤出焦糖的黑泡泡，而且要占多多。

刚烤出来的葡式蛋挞，像成熟的女生，表面沉静，内心炽烈，香甜滑软，也有一股强大的抗拒力，如果贸然下嘴，必烫破上颚。吃葡挞要讲究温度，什么时间下嘴最重要。

油菜花

油菜花开了，明艳艳的。春天就是明艳艳的。

前年春天去江西婺源，油菜花开得正茂盛。大片油菜田望不到尽头。油菜有人的肩膀高。人走进去，一会儿就没了人影。

油菜花开，清香，不甚浓烈。比不过茉莉粉脂香，也不如栀子香味艳丽。她清清淡淡的沁人心脾。你在油菜花里，总是不由自主地深吸两口气，恨不得把这清香装进肚子里都带走。

油菜花，是老百姓的花。老百姓在屋前屋后种油菜花。走在村子里，油菜花前边一簇，后边连片，左边几颗，右边成片。是房舍在花中呢，还是花夹在房舍间？恍若间，觉入陶渊明的桃花源。

一行的姑娘小媳妇们折了油菜花，做了花冠戴在头上，个个靓丽起来。欢声笑语的，让村里的奶奶怪嗔了：你们城里人就知道美，油菜花是要结籽榨油的，不能折啊。

春天写油菜花的诗不少。如"桃花红，李花白，菜花黄"。有杨万里《宿新市徐公店》："儿童急走追黄蝶，飞入菜花无处寻。"最觉好的是乾隆《菜花》诗："黄萼裳裳绿叶稠，千村欣卜榨新油。爱他生计资民用，不是闲花野草流。"

这些诗句中，乾隆皇帝的诗胜杨万里诗。其他都是诗人的矫情。乾隆诗好就好在，悯民爱民，体恤老百姓的辛苦，生活不易。这首诗沉得下来，有生活滋味。

油菜花泥土里生，田野上长。开花花香清新；结籽籽出新油。如房前屋后，有零散油菜花，还可食用。油菜花可是好味。花掐一拃长，洗净。炝点儿花椒油，撒一点盐，足以。或者，在扒板上，煎一煎，撒点盐，就可以吃。

只是，想想，花前对酒不忍触，毕竟，她不是闲花野草流。

清　明

清清明明二月兰

在东坝，一个偏隅公园里。二月兰正悄悄静静的，开得繁锦。

二月兰香馨怡人，凑近深吸，逸香温暖。好似童年时母亲的一声——"回家吃饭啦"。

看，霜粉白、耦合紫，浅浅深深搭在一起。高棵或伏地，舒朗错落。随风拥来搡去，欣欣欢快。

大片花丛中有一甬路深远，路旁有长椅。上有尘土，似很久无人坐过。这少有人走的路，才会美得不一般。

素素雅雅的二月兰为什么会在清明开？这一天我又为什么走到这里来？远处车流声，间或飞机的轰鸣，都与我无关。这里远离喧嚣，肃穆，恍如遗世。我似乎想着问题，却又是在出神。

人到中年，才知清明。节气与生命的意义连络在一起：我已育儿有孙，更觉父母养育伟大。逝去的父母，时时念起，甚或浮现音容笑貌。不免又生起感怀先祖、敬畏生命的念想。

清明又是清雅的。清明风至，身心舒展。风化所及，万物萌发。

当晚，和几个朋友过清明，遂成雅集。

宴会主题"清明"，菜品设有主菜和小品。"花椒芽山葵冲菜牛肉"，让大家感动。花椒芽清雅"有味"，节令食之，色香形味间，更有精神上的通感。

清明缅怀，多有感通。我被问及何事让我感动过？我说，这和问什么最好吃一样，标准答案，妈妈做的味道最好吃。除此，好吃在怀念里，在记忆里，在回望里，是过去式。好吃还可以期待，在想象里，在未来的造化里。

苏东坡"自我来黄州，已过三寒食，年年欲惜春，春去不容惜"。清明与寒食，对于诗人而言，是用诗歌去感发。

他与李端叔的一封信说得特别好："得罪以来，深自闭塞，扁舟草屦，放浪山水间，与渔樵杂处，往往为醉人所推骂，则自喜渐不为人识。"

被醉汉推骂而犹能"自喜"，也许"我执"太强的艺术家都必须过这一关，才能以隐逸超然的态度，一窥美的堂奥。

座上有大提琴家，说："存在就是物质，一切都是存在的。"他叫朱亦兵，开始形而上的追问了："我们老觉得完美是美，是更美。但艺术可能是，甚至是残缺的，是不完美的，不完整。美和完美根本不是一个概念。"

考古学家齐东方则言考古和酒的关系："我们搞考古的有很多理由喝酒。大多数情况下，什么也挖不出来，回去喝点闷酒；一挖出东西来了，高兴，喝点庆祝酒。"

真是谈笑有鸿儒，哲学家周国平发话说："在世间万物中，人是最大的谜。"

他说出的话就像是他正在展开的文章："在人类心目中，永恒是最大的谜。两极之间又幻化出无穷的人生之谜，展现了人生意义探求的广阔领域。生与死、爱与孤独、真实、美、哲学与艺术、写作、天才、女人和男人，无不是人与永恒相沟通的形式或体验。"

怪不得，一千六百多年后，我们依然能够呼吸到永和九年春天的明媚。

在他们的话语中，我沉醉于美食与思想的互相激发。时而又想起二月兰为什么这时候开，我为什么这时候会去看二月兰。

今岁花开去年枝，今夕又是何夕？

清明与友人清欢，这清欢致简则美。

每年，二月兰莫非都这样淡淡地开，淡淡地谢？

宋元丰五年，黄州的那个寒食

清明一作节日讲，二作节气讲。所谓气，是天地能量转换，亦是心境。清明节气，应为洁净，清灵，清净，平和，淡定，淡然。心明气和，春明景和。联想到永和九年的兰亭序，是惠风和畅。清明节日则为每年清明节气的这几日。

寒食节为清明节前一或二日。在这一日，禁烟火，只吃冷食，所以叫做"寒食节"。据传是春秋时期，晋文公要介子推出山，以火逼之，结果焚死。于是下令这一天禁火寒食，遂成习俗。

宋元丰五年（1082），寒食前后几天，苏轼的黄州寒食节，颇为难堪和悲催。

苏轼时年四十五岁，因"乌台诗案"发，谪至黄州（今湖北黄冈），任黄州团练副使（就是民兵连副连长）。第三年四月作了两首寒食诗。为苏轼存世品中最佳精品，誉为"天下第三行书"。

苏轼这样一位有名大才子，年纪轻轻凭借自己文章华彩在朝野出名，让皇帝都对他刮目相看。只是那时的苏轼还是太年轻，肆无忌惮的张狂，不知收敛自己的锋芒，以至后来仕途坎坷，更是因为乌台诗案把自己的一手好牌打烂，美好前程也给断送了。

这件事情之后的苏轼，开始接触社会底层百姓，感知社会寒凉，生活艰辛，百姓不易。苏轼的黄州生活，成就了中国书法史上的绚丽华章——《寒食帖》。

苏轼在《寒食帖》中情感波澜起伏，前七行书家心境较为平和，书写中规中矩，后随情感激越，用笔率意奔放，恣肆挥洒。徐起渐快，又有嘎然而止。可随诗人的笔端感知被贬谪黄州的悲戚情感。

从书法角度，是不可多得书体。黄庭坚在题跋中写得颇有趣，先是赞不绝口："于诗胜李白，于书兼有唐、五代诸家之长。"继而又说："试使东坡复为之，未必及此。"一方面不遗余力地赞美，转而，又小心机地表示：他这也是超水平发挥了，要让他再写一遍，恐怕写不到这么好，呵呵。

不过苏轼本人却自嘲为"石压蛤蟆体"，是被石头压死的癞蛤蟆的风格。确实，单看苏轼书体没有《兰亭序》之华丽姿媚，也无《祭侄稿》的激荡健修。如东坡所言，很多字真像石头压着赖蛤蟆一样，东倒西歪，气滞如鼓。如此石压蛤蟆体，为何能为宋书法之首？

我想，一个好的书法作品，不仅字体要好，所包含着情感更加重要。书要有书气。所谓书气，书法之道。道，书写的法度、章法。至于书家个体，要有独特的个性。个性的养成，是波澜壮阔人生的反映。乌台诗案后，苏轼体会到了人生百味，懂得了很多道理，也看淡了很多的东西。他的书法正是他挫折困顿人生的写照。好就好在真实自然、自我舒张。苏轼政治上失意，才学上得意。所谓"国家不幸，诗家幸"。

苏轼的《寒食帖》从两方面欣赏。一字体结构，二文辞内容。《寒食帖》是以景喻人。

　　自我来黄州，已过三寒食。
　　年年欲惜春，春去不容惜。

自我来黄州，已经过了三个寒食节了，年年都惋惜这春天都要过去了，但春天不容惋惜，春天还是一样逝去。

　　今年又苦雨，两月秋萧瑟。

卧闻海棠花，泥污胭脂雪。

今年的雨特别多，让人愁苦，像秋天一样萧瑟寒寥。卧病的诗人，看海棠，从繁花盛开到萎谢凋零，红如胭脂白如雪的花瓣，一一坠落污泥。

"卧""闻"二字正是"石压蛤蟆"，扁平，难堪，破烂，这或许正是他亲身体验到的人生，也是他要讲的人生故事。

"卧闻"二字，只有生活低到贴近大地，贴近百姓，才能感知泥土的气息和味道。灿烂大紫，如花大红之人，远贬偏穷黄州，正是鲜花落到了泥土间，没有了矫情。

"花泥"，那个"花"跟"泥"细看有牵丝缠绕，是"花"的美丽，又是"泥"的低卑，从"花"转为"泥"，体悟人生的高低和失落。

春江欲入户，雨势来不已。

小屋如渔舟，濛濛水云里。

这春江水就像是要冲进房子，我的小屋就像漂泊在茫茫江里的一叶小舟。

此时的书法开始奔放，笔墨醅厚，如倾盆大雨，水就要涌进屋里来了。故事开始慢慢进入高潮。

空庖煮寒菜，破灶烧湿苇。

厨房里空荡荡的，只好煮些蔬菜，在破灶里用湿苇炉烧着。一句话，四个冷冰冰的字：空、寒、破、湿，好苦、真破。把一个流放诗人的心境完全点出。

那知是寒食，但见乌衔纸。

寒食看到的是乌鸦衔着坟间烧剩的纸灰飞过。触目惊心，悲催到了极点。这是寒食"诗"最动人的句子，也是寒食"帖"书法惊人的高潮。

对比"破灶"与"衔纸"，笔锋变化极大。"破灶"用到毛笔笔根，字型压扁变形，拙朴厚重，而"衔纸"全用笔锋，尖锐犀利，如锥画沙。

"纸"，尖锐的笔锋直指下面一个小小的、萎缩的"君"字。这一段错综了荒凉、悲愤，混合了自负、凄苦，交织着委屈、伤痛，成为生命底层的呐喊，动人心魄！

君门深九重，坟墓在万里。
也拟哭途穷，死灰吹不起。

最后一句话，简直就像末路的绝唱。到这里我们看到了一个颓然无望的苏轼。此时苏轼的字，已不再计较于法度结构，而是更强调个人心境的自然流露。

苏轼的书法单体不是最好，却是人生情境和字体结合最好的。懂书法"法度"者，皆审视气韵之法。

石压蛤蟆气韵最足。

蟹脚草香包乌米饭

青精饭是寒食节传统美食，有很多故事。宋林洪的《山家清供》以"青精饭"开篇。

按《山家清供》方，有两种制法。

一法采摘青精枝叶捣出汁液，浸入上好的粳米，不管多少，静候一二个时辰再蒸饭。将蒸好的饭晒干，等到米粒坚硬颜色碧绿再储存起来。吃的时候，用热水酌量放入米，水沸腾则饭好。经常吃青精饭可以改善气色。二也介绍了"青精石饭"的仙方。

青精饭主要用的是南烛木，也叫黑乌饭。大多生长于中低山地，每年春天的时候开筒状的花，结出的果实为紫黑色，果浆也呈紫黑色并带着些甜味。

乌米饭就是青精饭。选用的南烛木的叶子也颇讲究，太嫩的不行，老了也不行，必须是春天萌发的嫩绿叶子才在清香与口感上恰到好处。

天目湖宾馆总厨戚双喜师傅做的"蟹脚草香包乌米饭"即传统又更具艺术性。已成为兼具美食和艺术的传统文化符号。

"蟹脚草香包乌米饭"用鲜蟹脚草编织成香包，巧妙灌进去泡得的黑糯米。巧夺天工，韵味无穷。

我看蟹脚草有些类似马莲草，形状似青韭菜。蟹脚草香包编织可人人动手，尤其小孩家，做手工，有情趣有乐趣。往往编起来互相比赛，其乐无穷。

1. 蟹脚草清洗干净，对折；

2. 取四根对折后的蟹脚草，分别放置四个方向，将蟹脚草尾部穿插到蟹脚草头部，互相穿插；

3. 同理依次相互交叠，向外编织；大小十厘米就好；

4. 编织完成，稍微拉紧。

乌米饭，有很多吃法。蘸白糖最佳，香甜润口，青草清馨。编得的香包，让人爱不释手。杜甫老先生都说了："岂无青精饭，使我颜色好。"青精饭是寒食饭也是春天的饭。这样一碗泛着田野清馨味道的乌米饭，一定心情好，更为容颜好。

燕子来了，吃"面燕"

古时寒食、清明、上巳时序为三，现今已合为一节。

过去，寒食节这一天要吃寒食粥、寒食面、寒食浆、青精饭及饧（táng，同"糖"）等；寒食供品有面燕、蛇盘兔、枣饼、细稞等；饮料有春酒、新茶、清泉甘水等数十种之多。其中多数寓意深刻，如祭食蛇盘兔，俗有"蛇盘兔，必定富"之说，意为企盼民富国强；子推燕，取介休方言"念念"不忘介子推高风亮节……

总以为这些民俗在现今时代，消失殆尽了。其实还有很多保存在社会民间。

青岛朋友 @ 獨家記憶～會做飯的大叔，寄来他妈妈做的面燕。自家磨的含麸皮面粉，用古法老酵头发面，揉面时使碱。蒸出来的面燕面香更浓，吃起来筋道。这都是从老人那里一辈辈传下来的，原来生活相对困难，平时很难吃到白面，那时候过了年就盼着清明，因为清明节正值春燕回归，又有白面小燕吃了。

相传为了纪念贤臣介子推，民间还将面燕称为"子推燕"，大点的就叫"子推馍"。也有地方叫"面燕燕"或"面花"。

清明节在青岛周边部分区市保持着荡秋千、吃"面燕"、放风筝等习俗。胶东人常说："清明燕，端午蛋，正月十五捏豆面。"龙口民谣："三月三，小燕送一千。"农历三月三这天，新结婚的媳妇会收到娘家人送来一篮面燕，寓意燕子归巢，白头偕老。不过，所谓十里不同俗，也有地方是新媳妇给娘家送"面燕"的。

蒸面燕的传统，在陕北更是根植于民间，清明前后这几天，不生火做饭。巧手的妇女们，事先用面粉和着枣泥，捏成燕子的模样，用杨柳条串起来，插在门的上方。也可捏成各种各式各样、神态各异的面燕，单头的、双头的、平翅的、别翅的，甚至连大燕背小燕都有，再用五谷杂粮来点睛镶鼻，惟妙惟肖。

燕子来了，吃"面燕"。年年节节，周而复始，春来又去，冬去春来。面燕越来越精巧了，越来越珍惜。

树莓马爹利

大董店里有一款"树莓马爹利",很受客人喜爱。眠一口,口腔内满满的马爹利芳醇水果香和橡木酒桶味与树莓果的酸甜,带着丝丝的荔枝味。

1.5oz 马爹利、1oz 法国香博酒、1oz 波士荔枝、1.5oz 树莓果茸、1oz美国红梅汁、1oz 新鲜柠檬汁,摇合后,用树莓和薄荷叶嫩头作装饰。这里的树莓即是覆盆子。

二十多年前,在崇文门马克西姆餐厅我第一次知道覆盆子,觉得特洋气。当时市场上也是鲜见,中餐几乎少用,西餐厅全为进口。

后读苏轼《覆盆子帖》:"覆盆子甚烦采寄,感怍(zuò,惭愧)之至。令子一相访,值出未见,当令人呼见之也。季常先生一书,并信物一小角,请送达。轼白。"

才知道覆盆子中国早已有,至少在苏轼这篇文章之前就有。

鲁迅先生《从百草园到三味书屋》中也有优美的描写:"如果不怕刺,还可以摘到覆盆子,像小珊瑚珠攒成的小球,又酸又甜,色味都比桑椹要好得远。"

这几天为写覆盆子,查找资料,却不得覆盆子原产地在哪里。如若中国原产,却又少见,好生奇怪。

除了调酒,覆盆子还能怎么吃呢?可当水果吃,森林浆果自然的酸甜刺激着味蕾,美妙而独特。覆盆子用蜜煮着吃,酸糅合着蜂蜜的甜做成覆盆子酱,瑞典有一款糕点"覆盆子洞穴",内馅就是覆盆子酱。法国蜂蜜覆盆子"费南雪",更是香软清甜。

覆盆子是传统食物，也是美食圈的弄潮儿。之所以得宠想必一是因颜色炽烈殷红，二是酸甜好吃。

可这样味佳也好看的覆盆子，就是不知道为啥叫做"覆盆子"？从读法上，有人指出，覆盆子的名字应该为"覆–盆子"而非"覆盆–子"。至于原产地，众说纷纭，不再深论。

春好日，一杯树莓酒，这才能把相思说出口。

椿木实而叶香可啖

玉兰白过，桃花红过，菜花黄过。

北京人的春天，丰富起来。阳光好的时候，可以搬一把椅子，晒太阳。院子里有明前碧螺春，有和煦阳光，滋润惬意。

北京人家的院子里，总爱种点儿树。院子里有枣树、玉兰、海棠、柿子、石榴，还有香椿树。

过了清明，天一天暖似一天。再过几天就是谷雨。这日子口，正是吃香椿的时候。

前天好朋友杨春晖送来香椿，说是北京院子里的。香椿有半拃长了，厚实肥壮。从开春，没少吃香椿。但大部分是南方的。北京的香椿这是第一次吃。

全国有几大香椿品种，其中安徽太和香椿、山东西牟香椿、河南焦作红香椿，最为著名。河北景忠山香椿也是贡椿，有一年四月下旬，应该是谷雨前几天，我特意开车去迁西看香椿。那几天天气寒冷，香椿才刚出头，没有吃到。

吃春不过苏州人。苏州人的"春风十里不如你"是人也是春味。"春风骋巧如剪刀，先栽杨柳后杏桃。春风十里满姑苏，品完七头再一脑。""七头"为枸杞头、马兰头、荠菜头、香椿头、苜蓿头、豌豆头、小蒜头；"一脑"为菊花脑。

吃香椿我有心得，香椿可鲜、可腌、可炒、可拌，还可炸"香椿鱼"。但最出彩最能体现香椿本味的是"香椿拌豆腐"。汪曾祺在《豆腐》里赞美："香椿拌豆腐是拌豆腐里的上上品。"

南豆腐划小块，北豆腐抓碎。香椿芽开水焯烫顶刀切，焯烫是关键的一步，除去亚硝酸盐，激发香椿的异香，撒点盐、淋上熟油。是熟油，而不是香油。香油夺香椿的味道。

除此还可吃香椿炸酱面。抻一把面，手擀面也行。关键吃香椿，香椿切一半成末，拌在面里，再就一半整芽，过瘾地吃。

各地都有好吃的香椿味道：香椿炒鸡蛋、香椿竹笋、香椿拌豆腐、潦香椿、煎香椿饼、椿苗拌三丝、椒盐香椿鱼、香椿鸡脯、香椿豆腐肉饼、香椿皮蛋豆腐、香椿拌花生、凉拌香椿、腌香椿、冷拌香椿头。

我还有一吃，"香椿芝士塔"：做薄脆面饼，夹烫香椿，调味盐、芝士。可叠三层。甚为有味。

谷雨前三四天，香椿芽正当时，最嫩不过仅十天左右。

春芽不怕采摘，清明、谷雨时期正是树芽旺盛出芽期。"灵山生珍奇，椿芽三月鲜。葳蕤（wēi ruí）君采去，稀疏我自安。"

"椿"字是木和春的合体，两个字都有新生的意思。春天食时疏，有椿作伴，心木逢春又发芽，算作朝朝暮暮。

大董的暮春海棠

今年北京的春天特别漫长，按说春光韶华，尽应徜徉。红楼梦有"惜春"名，是春色易逝，依依不舍意。

左捱右捱，海棠花开了。海棠花开，已近暮春。

熟知海棠，从易安词起："昨夜雨疏风骤，浓睡不消残酒。试问卷帘人，却道海棠依旧。知否，知否？应是绿肥红瘦。"易安写是词写暮春时节，繁锦一树海棠，不堪骤风疏雨揉损，残红狼藉，落花满地。风萧然雨疏落，醉酒花零，无奈黯然。

张爱玲也写"海棠无香，鲥鱼有刺，红楼未完"，哀叹人生缱绻。

无香是心中的花儿，香消了，花谢了。今早，我特意去院子里海棠树下，去闻香。海棠正花开，泛逸出淡淡清明的味，不甚明了。这香却馨新，可留恋。

其实易安大可不必黯然神伤。酣睡浓甜，是多少人的生活追求。有个好觉，定是心无尘染，静好心岚。午起，可有一杯清神绿茶，心旷神怡。下午茶再来块海棠慕斯，柔软到自己融化，这欢愉悄然而至，安闲自得。

暮春时节，当是另外景色，莺飞草长，嫩绿渐青翠。暮春风雨半夏天，一洗缱绻满庭芳。那就让这暮春时节早早过去吧。

春天"糗"豆馅

春天最好吃是"豆包"。春天菜蔬少，就以粮食为主。吃粮没菜，干巴拉几。如果再是粗粮，比如玉米面、高粱面，就不好吃了。穷苦人家怕是连玉米面也吃不上，往往还要掺和些糠皮。

吃豆包是调剂口味。久吃干粮，包个豆包，能叉叉口味。

包豆包先要"糗"豆馅。红小豆洗干净，择净石子。冷水泡八个小时。水和小豆比例四比一。"糗"大约一个小时就可以。在将近出锅的时候放红糖。

一开始听着锅里咕嘟咕嘟的冒泡，像是欢快的唱歌。我总是听不得这样伴着香味、鲜味，空气中充满诱惑的响儿，口水充盈在嘴里，这时候是不敢说话的，怕一张嘴，哈喇子流出来。开了锅，就要把火转小，小到锅里只是冒小泡，泡和小豆一样大。锅里红小豆由膨大渐渐张开嘴儿；渐渐小豆开花，有一些豆沙烂出来。火很小，似有似无，有气无力的样子。其实这样的火最厉害。大火和微火谁厉害？应该都厉害。大火漫山遍野，如野牛般横冲直撞，大火过后，天崩地裂，草木成灰。微火则百般温柔，以柔克刚，无坚不摧。古往今来，多少侠骨刚肠都被一锅小火糗烂成糜。大火做爆炒，最宜坚韧物，如河蚌、海蚌、鸡鸭胗、牛百叶羊胃猪肚类；小火宜煲煨，也是老硬物，如老鸡鸭，筋骨坚柴。大火爆炒，成菜脆嫩是特点；小火成菜软烂为长项。侧重不同，各有绝手。

红小豆淀粉含量高，干豆质硬，意志坚定。架不住长时间微火熬住，豆化粉糯，懒懒烂烂。"糗"到最后，锅里的泡，似乎大了些，只是一会儿才冒个泡，像是有些累了，伸个懒腰。

糖这时候放才合适，放了糖的豆馅儿，立刻有了精神，鲜亮起来。白糖不如红糖好，红糖不如黑糖好，黑糖加点蜂蜜好。也可放枫糖。如果让豆馅儿有层次，风味浓郁，自家炒点焦糖，味道更加。

糗豆馅，用煮、熬、炖等都不如"糗"。"糗"字含煮熬之意，有煮的火力，有熬的时间，又包含豆和微火的双向粘合。微火的作用似乎又大些，豆子又有些无奈。"糗"特别像胡适和江冬秀的关系。

胡适与江冬秀过日子就是糗，新文化运动领袖和老家包办娶回来的小脚老婆江冬秀，婚姻很奇葩，让人不可思议。江冬秀有独门秘笈。她是一凶二抚胃。狮子吼完，端出一锅十全大补汤，"胡萝卜加大棒"政策，让胡适很受用。胡适家的餐桌，一年四季都是热腾腾的。简单的一个鸡蛋，从蛋炒饭到茶叶蛋，江冬秀总能做得不重样。不仅自己吃得好，来了朋友，更能拿出让人瞠目结舌的大菜，让爱面子的胡适分外高兴。江冬秀生生用慢火把一个花心大萝卜的心，给糗粉了。"糗"对象还有一个好榜样。就是启功先生和大他两岁的姐姐夫人。两人恩恩爱爱一辈子，糗的地久天长，花朝月夕，举案齐眉。

男女有情，千差万别，却也出不了"谈""搞""糗"，就像做豆馅，可以用煮、熬，却不如"糗"形象精准。

谈对象。张爱玲与胡兰成的爱情算谈，整个爱情过程，没有一点锅气和烟火气，不会做饭的张爱玲害得胡兰成约会前，要到楼下的胡同口吃上一碗牛肉面。

搞对象。同样是张爱玲，她笔下的《红玫瑰与白玫瑰》里的娇蕊是新加坡华侨，在英国留学的现代女性。与有夫之妇的振保相识并相爱了，爱得义无反顾，爱得大胆而彻底，日日夜夜爱不够，给振保带来身心的无限喜悦。这一段桃花运可以叫做"搞"。

糗，在古汉语中是个动词，指的是"熬粥""炒干粮"，又引申为糊在一起、粘在一起。后来"糗"的词义进一步发展，其主体就不光是食物，而且还可以指人。长时间闲呆在一个地方，粘在那儿了，济南地方方言说作"糗"。现在这个"糗"，网络上，"红"遍全国。"出糗""糗事"之类的词语人们早已耳熟能详，粘在一起，都变味了，所以叫出糗。不过，此"糗"非彼"糗"，意义上也已是风马牛不相及。

"糗豆馅"北京人常说。北京话的绝妙能把复杂事物简单化，"糗豆馅"三个字，活灵活现出青春妙龄男女，整天腻腻乎乎在一起的美好。

爱情的最高级就是"糗"，彼此暴露了真性情，也从生理期到达理性期，双方还彼此吸引。一日不见如隔三秋，时时相望而不厌烦，就想整日里腻乎在一起。这是爱情最好境界。

一锅腻乎的"糗豆馅"出来，豆子一半，豆沙一半，甜润沙粉，甜蜜、愉悦、幸福、快乐、憧憬。爱情的滋味儿就是一锅糗豆馅。

春笋河鳗狮子头

"狮子头"是脍炙人口的扬州名菜之一。

所谓狮子头用扬州话说即是大劗（zuān）肉。如果用北方话说，即是大肉丸子。肉丸子经过两三个小时的炖煮后，表面一层的肥肉粒，已大体溶化或半溶化，而瘦肉粒则相对显得凸起，就像中国石头狮子凸起的头花。于是，人们想象为"狮子头"了。

扬州狮子头有清炖、清蒸、红烧之分。至于品种，按四季时序有春季的"芽笋烧狮子头""清炖春笋狮子头"，夏天的"河蚌烧狮子头""青菜烧狮子头"，秋天的"清蒸蟹粉狮子头""清炖蟹粉狮子头"，冬天的"风鸡烧狮子头""白菜红烧狮子头"等，均是别具风味，引人入胜的。

扬州狮子头选料用猪肋条肉，肥瘦之比如制作"清炖蟹粉狮子头"，则比例为 7:3，近年有所变化大致为 6:4。细切粗劗，则是先切细丁继而粗劗成石榴米状，再混和起来粗略地劗一劗，使肥、瘦肉丁均匀地粘合在一起。再拌调料，"上劲"，巧"团"肉圆，细火慢炖。这样炖、蒸、烧出的狮子头可用勺羹抶着吃，确有肥而不腻、入口即化之妙。

近年狮子头的概念有又延伸。苏浙地区厨师曾用鳕鱼做"鳕鱼狮子头"，这个蹊径使狮子头只为猪肉法的传统模式，得到突破。我曾经尝过扬州迎宾馆的制法，鳕鱼富含不饱和脂肪，口感嫩糯，洁白细腻，丰腴肥美。实为上乘之作。

暮春近，有河鳗肥硕，以鳕鱼狮子头索引，做"春笋河鳗狮子头"。此味有河鳗的肥润、猪肉鲜嫩、春笋素雅。成一大味。

腌笃鲜狮子头

咸肉是隽味。

鲜肉是美味。

春笋是生发，朝气蓬勃，势不可挡。

"腌笃鲜"是咸肉、鲜五花肉和春笋，用炭火烧砂锅，小火慢炖两三个钟头。"笃笃笃"的咕嘟声里汤白汁浓。咸肉鲜肉春笋相互裹挟，新旧世界涤荡冲撞，咸鲜突奔，细腻雄浑，雅致豪壮，从汩汩细流，生发壮大，过虎跳，弃九江，浩浩汤汤，在欧亚大陆之东，迎朝阳，看晚霞。

江浙人就是腌笃鲜的气质。近百年来，开埠通商，经济发达。有中国之传统，有新世界张扬，有新生朝气，旧中国腐殇。

一筑板俎，刀斧高扬，弃浊生汤，纳海容洋。

我就做了一个腌笃鲜的狮子头。

咸肉和鲜肉比例三七比。笋、肉均切丁；盐味葱姜水，淀粉加湿溏。咸肉无需多，只为咸衬鲜。咸肉春前腌，未完腌变老。有浓郁腊气，有新肉咸香。加以炖煮，咸肉蕴藏，缓缓释放，春生冬藏，才是春味沧桑。

炸"花椒鱼儿"

十六世纪，大航海时期，葡萄牙的商船到达了日本长崎，其中有一种叫做"天妇罗"的油炸食品也随之传到日本（为什么中国没有，或者中国叫什么？）。"天妇罗"源自葡萄牙语中的"Tempura"，原意是指"四季斋日"，最早是信奉天主教的葡萄牙人在斋戒期间的一种食物。江户中期，以江户湾捕获鱼类为主的天妇罗流行起来，天妇罗的核心做法在于"面衣"和"油"，须用小麦粉和鸡蛋的混合物当面衣，并采用纯芝麻油炸。

"天妇罗"三字不是汉语，而是日语。中国人直接把日语"天妇罗"直接译作汉语"天妇罗"。在汉日互译中，因为汉语和日语有很多音形相似但意义不同的单字。而"天妇罗"又是日语对葡萄牙语"Tempura"的音译。

日语中有大量汉字，这些汉字组成了很多词语。有些汉字组合与他们在汉语中的意义是一致的，比如"食物"；有些组合在汉语语境下意义不同，比如"花見"，对应的汉语词应该译作"赏花"，"刺身"应译作"生鱼片"，"昆布"应译作"海带"，"定食"应译作"套餐"，"料理"应译作"菜肴"，"丼"应译作"盖饭"。

"天妇罗"不是某个具体的菜肴，而是日料中油炸食物的总称（据说这种翻译的方法简单粗暴）。在日本，万物皆可"天妇罗"。但论讲究，就要结合季节。春季一般选用鲷鱼、香鱼、大虾、花菜、春菊叶、樱花叶、芦笋、洋葱等；夏季选茄子、南瓜、紫苏叶等；秋季对银杏、鲜贝、海鳗、牡蛎、干柿子、大蟹肉等用的多；冬季选择白子、扇贝、番薯等。像豆腐、梅菜干、馒头等就是一年四季都会被选了。

"天妇罗"的炸制方法，最终形成一种烹饪方法。"炸"这道工序兼具了"烤和蒸"，是很完美又很快手的处理方式。"面衣"炸后脱水变脆，迅速升温到 200℃，这时候的状态接近"烤"。但在"面衣"的包裹下，食材自身的水分不易脱水升温，基本维持在 100℃，就像在密闭容器内"蒸"。随着成为江户三味（寿司，天妇罗，鳗鱼饭），"天妇罗"被标准化了。标准化的天妇罗，在世界各地的日本料理都一样。当然，也有终其一生料理此味的师傅，比如早乙女哲哉，日本称他为天妇罗之神。他是一位专门做油炸食品厨师，据说从十四五岁开始就站到了油锅前面炸"天妇罗"，炸了几十年。炸出自己的独门绝技，享誉在外。

很多年前，去老先生的店，坐在他的面前。这是个温文尔雅的老人。我是不太喜欢油炸的食品，所以，对天妇罗也没多大的兴趣，一直到现在。天妇罗在中国也可能是这个原因，没有火起来。

这两天北京花椒出芽了。

直接用"脆炸糊"，炸"花椒鱼儿"。为什么叫"鱼儿"呢？是因整枝炸成后形似鱼。北京春天，榆钱、嫩柳芽、香椿等一切嫩芽都可炸"鱼儿"。

吃花椒鱼儿想起了老先生早乙女哲哉。

对了，那次去老先生的店，是做"天妇罗"的主题品鉴，从头至尾都是"天妇罗"。当时想，吃一个尝尝可以，吃两道到头了，菜单上都是"天妇罗"，吃不下去了。

终究没有说出来。终究没有再去。想想都是一种遗憾。

北京人爱吃"茴香馅儿"

北京人爱吃"馅儿"。北方的人都爱吃"馅儿"。南方人似乎不爱吃。北方人过年吃饺子，南方人过年吃元宵。

馅儿有荤素。有纯肉馅儿也有半荤半素馅儿。纯肉馅儿大致以猪肉、牛羊肉为主。纯肉馅儿，包一个肉丸。纯肉馅儿也要拌大葱。或者开春掐一点韭黄提提鲜，也算纯肉馅儿。

北京人吃的"馅儿"太多了。春天吃大白菜馅儿，白菜馅儿里放点韭黄，在沉闷了一冬天里，这韭黄的鲜，像饥肠辘辘放学回来闻见揭开饭锅盖儿飘出的饭香。韭菜馅儿，可吃一个猪肉馅儿韭菜的，也可以吃鸡蛋韭菜的；茴香馅儿，似乎只有猪肉馅儿的好吃。春天还有茴香、各种野菜；夏天吃豆角；秋天吃茄子、青椒；冬天吃酸菜、白菜。

北京人还爱吃"三鲜馅儿"，三鲜馅儿也分高低。高档的有海参、虾仁、口蘑；鸡蛋虾仁算是中档的吧；虾皮也能拌馅儿。

牛羊肉馅儿拌大葱或者西葫芦。内蒙古以胡萝卜拌馅，是从西域传过来的吃法。

有一年朋友给我送来呼伦贝尔大草原的沙葱。沙葱最好和羊肉做馅儿，味儿最浓郁，吃完后，味道经久不散。

素馅儿，北京人吃粉条排叉胡萝卜，还有韭菜鸡蛋。

这么多馅儿，如果给北京人做统计，大多数人喜欢吃茴香馅儿和韭菜馅儿。

我最爱韭菜馅儿，但这味道也足，且经久不散。三天后，远远的还能闻见。爱吃却不敢吃。

茴香也是味道浓郁，却没有恼人荤臭味儿。茴香起源于地中海地区，由回族引入中原，始见于唐。可见"茴"字与回人有莫大关系，加之其香气回旋不散，遂成北人嗜好。茴香香气特殊，是清香，也是药香，还有曲里拐弯的"回甜"。有人避之不及，有人笃爱，除了吃，还有茴香酒、茴香香水、茴香沐浴露。

小时候不吃茴香，也不知道什么时候开始吃的。茴香突然好吃了，就像少年突然成熟了，突然的遗精让自己不可名状。茴香好像只有吃馅儿为最佳味道，茴香饺子比吃包子好吃，馅饼比饺子好吃。

北京人爱吃馅儿，估计是和简洁方便有关。有点菜，剁吧剁吧，有肉加肉，没肉加油，没油放油渣。啥都没有就吃素馅儿，放点盐就好。以前认为"馅儿"是中国传统美食。还不是只中国这样吃，西餐的"塔塔"就是馅儿；意大利有馅饼，只是馅儿在外面。馅儿在外面，北京"炸饼"最佳，鸡蛋韭菜，玉米面糊底，真是焦香味浓。

茴香馅饼，是野菜味、油脂香和煎淀粉的味道。这个味道最原始。这是老百姓的吃食，却最过瘾。

芫荽是个好"俏头"

芫荽，老百姓叫香菜。

山东菜里有一种烹饪方法叫"芫爆"。芫爆的方法是以芫荽为辅料，急火旺炒的烹饪方法。

曾经把"芫爆"写别字"盐爆"。后知为"芫"。

芫荽为素"五荤"，也叫"五辛"。道家以韭、薤、蒜、芸薹、胡荽为五荤；佛家以大蒜、葱、蕌头（小蒜）、韭菜、洋葱（兴渠）为五荤。《三藏法数》有意：从人生经历来看，这五种东西吃了之后嘴中就带有难闻的气味，不利于和人沟通。从经意来看，还不利于与神仙交流，反而会招惹鬼怪，不利于自己的修为和成长。

芫荽确也如香椿、茴香似，有人避之，有人笃爱。日本《大和本草》言"此物甚臭，善确诸臭"。有异味可说，言其臭，我否定。且我认为香菜、茵陈芳洁。

芫荽是个好东西，好就好在它能"矫味"，也能"俏味"。北京"涮羊肉""爆肚"，西北的"羊杂碎汤""羊肉泡馍""葫芦头"等，必有芫荽矫除膻骚，去减异味。

其实我更觉得芫荽有一种雄浑之气。想想，寒冬腊月，朔风呼啸，万木萧疏，肃杀悲号之时，有一大碗"羊杂碎"，泼上鲜红油辣子，撒大把翠绿芫荽，一股雄气，由丹田直上，气壮山河。男人这时候就有了男人的状态。

山东菜里也管配料叫"俏头"。意是给菜肴增其色，美其味，为的是绚烂多彩。"芫爆"菜是以芫荽为俏头，辅以葱丝；调味为盐、胡椒、米醋、香油。比如"鸿宾楼"和"烤肉季"的"芫爆散丹"。很多山东菜馆都有"芫爆鱿鱼";汉民馆子还有"芫爆肚仁"。最值得说的是"汤爆双脆":取鸡胗去胗皮,胗仁切菊花花刀,猪肚仁取肚仁切十字花刀。以清汤调鲜味,开烫,浇爆之,再点胡椒、米醋、香油,上撒芫荽末、眉毛葱,佐卤虾油。北京烤鸭店有"芫爆鸭肠",鸭肠以盐碱水涤洗洁净,以芫荽葱姜丝蒜片、调香油、料酒、胡椒、米醋爆炒,鸭肠脆嫩,味道绝佳。每每这道菜会提前卖断货,有些老顾客都和店经理打招呼,预定招牌菜。

西餐有"法香",别名洋芫荽,黄油焗蜗牛有用,取"法香"切碎,调成汁,用黄油焗蜗牛,有迷人香味。

香菜还有一个绝味,就是"金钩海米拌芫荽":金钩泡软洗净,香菜切寸断,拌香油、盐。餐前可开胃,喝酒可佐味。人浑噩之时,有醒神清脑之功,能涤荡浊腐用效。

周边有人特别爱吃香菜,觉得它带着柠檬味道的青草香气。芫荽,美食灵魂。如朝云谓之东坡,魂兮魄兮。

莴苣是个“爸爸”

一直认为莴苣只削皮吃芯，用素油炒或凉拌，吃起来清新。也可咔哧咔哧直接生吃，清爽里带着原甜。吃芯，叶子别丢，连着些许莴苣头，蘸烤鸭甜面酱吃，竟是吃出了油麦菜的鲜嫩。后知，莴苣不单指莴笋。生菜、莴笋、油麦菜是一家子，莴苣是个“爸爸”。

莴笋是皱叶莴苣（即生菜）从地中海传入中国，受气候风土影响发生变异。之所以称笋，源于茎的外观有些像竹笋。《本草》云：“嫩可采叶，长可采苔，以供食用。”此苔正是“莴笋”。

对莴笋印象深，是1992年去武汉参加全国烹饪大赛，做冷菜摆盘，需用莴笋拼出大荷叶。北京的莴笋是淡绿色的。去武汉菜市场买回来的莴笋是墨绿色，摆出来拼盘颜色更丰富有层次。才知道，莴笋不同地区，颜色不一样，像云南有紫皮香，重庆还有一点红。

四川泡菜，风味独特，一切菜蔬皆可入坛。我吃过最好的泡菜，是在绵阳一小饭馆，厨房角落里有一排泡菜坛子。厨师随手捞出泡菜，满屋子溢出乳酸醇厚的香，每种菜蔬的味道也更浓郁，仿佛赋予了胡萝卜、黄瓜、豇豆、圆白菜、仔姜等新的活力，变得清亮、清冽、清爽、清香。

回北京后，照方抓药做泡菜。盐是绵阳带回来的，还有一个土陶坛。如法炮制，却发现北京无论如何也泡不出绵阳味道。菜蔬软塌塌的，胡萝卜软、圆白菜面、芹菜只剩根筋了，最后只有莴笋青绿、脆嫩、坚挺。嗔怪，出了四川，所有泡菜都生出异端。

四川水煮鱼好，却憾油大。我就做了道无油水煮鱼，配以泡好的莴笋，一劈两半，切半厘米片，脆脆的很有味。甚至抢了鱼的风头，都争着吃。

莴笋泡菜，凭借实力上了位。

羊肚菌,是春天最完美的句号

羊肚菌是一年里最早出现的菌,为"草八珍"。

作为珍品,鲜美和稀缺是最主要特质。菌肉经过烹调,热而不绵,鲜而隽永。这一点,西餐中,仅次于松露。瑞士的真菌学家高又曼给予它以"珍馐"评价,说:"羊肚菌和马鞍菌是价值很高的厨珍。"印度伊斯兰教徒也很喜欢。正所谓"口之于味也,有同嗜焉"。

羊肚菌,也称羊肚蘑、羊肚菜、草笠竹,河南叫"羊素肚",日本则称"编笠菌"。名为羊肚,仅是取其形,和猴头菇一样。在外形上,菌盖部分,无论颜色或形状,都酷似翻转过来的牛羊网胃,这是识别羊肚菌最直接特征。

羊肚菌分布广泛,在北半球温带和亚热带高海拔地区的林地上多见,行踪不定,今年还有影子,明年再找就不见了。在中国,我只是认为云南有,前些天陕西厨师"棒棒"和媳妇儿小云来看我,聊起媳妇儿老家甘肃也多见野生羊肚菌,家养的牛就散在满山,悠然自得地寻吃羊肚菌和各种蘑菇,三天或一礼拜才圈牛一次。这山野的牛,生活真是奇美,顿觉艳羡。

法国人懂吃,对羊肚菌的诱惑难以抗拒,几近痴迷。有人说,法国的餐席若是没有羊肚菌,就不尽完美。无论是炖菜、酱汁、浓汤,加一点进去,顿增奇香。

做鲜羊肚菌,用黄油煎佳,再佐以海盐,如此即可。法餐有道我印象深刻的菜"羊肚菌瓤鹅肝"。煨过的羊肚菌瓤以鹅肝,再用黄油煎制,羊肚菌的鲜美叠以鹅肝的肥美,味道无与伦比。这时,再配一款醇厚的酒,酒感要深邃复杂,又有足够的酸度以保证持续的口感清爽,就更完美无缺了。

羊肚菌,是春天最完美的句号。

谷雨

藤萝饼，正在消失的美味

藤萝饼是北京传统点心，现在却消失了，消失的原因很简单，没有原料。藤萝饼的原料是藤萝花。藤萝花在春末开花，是谷雨花。

梁实秋说"玫瑰花开，吃玫瑰饼；藤萝花来，吃藤萝饼"。临近"谷雨"，北京正藤萝花开。

北京小区公园里多有藤萝，现在大多架在水泥铸的架子上。藤萝像中国画里画的一样，缠缠绕绕横生竖长，蔓条劲拔。老远就能闻见藤萝花清香的味道。

藤萝在中式园林里多做点缀。苏州博物馆有中庭，一株藤萝扶摇直上，参峨茂盛，虬蟠纠错。藤萝下有茶饮桌椅，可供游人品啜，一杯清茶可以，一杯咖啡也可，一下子带出中西方文化交和，有一种时空交错美、融合之美。这是苏州博物馆的点睛之笔。在传统中标点现代，形成对立，层次分明，东西两界，是贝聿铭的手法。卢浮宫的玻璃金字塔，也如是。

藤萝花颜色很美，紫玉垂垂，一片淡紫色的云霞。一层层，白色透着似有似无的粉紫。这种紫色很优雅，如果爱穿这个颜色的女生，一定是淑静的，或者皮肤脂白的。

藤萝饼上市了，据说旧时的饽饽铺，门口要立上一块牌子，大书"鲜藤萝饼上市"。

紫藤花没啥味道，只是有丝丝缕缕的甜，这甜也是糖渍出来的。

藤萝饼有两种制法。用藤萝糖加胡桃白仁、榛子仁、杏仁、薄荷及小茴香末擦匀作馅。一，用面粉、白糖、香油和成面团制皮，包以藤萝糖馅，烙烤而成。形扁圆，面乳白，底金黄，质酥松绵软，味香甜盈口。

二，藤萝花要在似开未开时，摘去蕊络，仅留花瓣，用水洗净，中筋面粉发好擀成圆形薄片，抹一层花生油，把小脂油丁、白糖、松子、花瓣拌匀，铺一层藤萝花馅儿，加一层面皮叠起来蒸。蒸熟切块来吃，花有柔香，袭人欲醉。

女作家凌叔华曾经在北京宴请泰戈尔，招待泰戈尔的点心，就是百枚新鲜玫瑰花饼和百枚新鲜藤萝花饼，茶是家中小磨磨出的杏仁茶。这一切很投合诗人的趣味，泰戈尔曾说，凌叔华比林徽因"有过之而无不及"，徐志摩称赞凌叔华，说她的文字散发着"一种七弦琴的余韵，一种素兰在黄昏人静时的微透的清芬"。旧时代文人的情愫，是干花，隔了一个世纪还是有芬芳盈袖。

万家闭户惊风雨，东城遥望紫藤新。公园的藤萝花是公物，不能采摘，只供观赏。藤萝饼，渐渐离我们远去，成为正在消失的美味。

火中取宝

烹饪包括烹调。

烹调包括火候。

火候就是分寸。

火候是做菜过程中，根据要做的菜的质地和成熟度，所用的火力大小和时间长短。烹调做菜时，火力大小和时间长短都要得当精准，才能使菜肴达到"色香味"俱佳的状态。

烹饪是大体系。烹饪，"烹"是煮的意思；"饪"是熟的意思。这里的"烹"是个大概念，指所有烹饪手段方法，比如，煎炒烹炸，腌烩煮溻，炝爆熘涮，咕嘟炖扒。烹饪包括从食材选择，到菜品呈现的过程。

菜品异彩纷呈。每一道菜品，烹饪火候都不一样。有的菜品，需要小火长时间慢炖，有的需要旺火速成。不管是慢火还是旺火，掌握好火候，菜品该软烂软烂，该酥脆酥脆，就是"火中取宝"。菜品火候得当，菜品才有最佳滋味，如果失饪也就是火候掌握不当，则糟蹋了一锅好菜。这里没有大讲的调味，也是同理。

烹饪做菜是手艺，从买菜开始，加工精选，提前预制，到火候和调味，都是靠长时间在行业里摸爬滚打取得经验。

烹饪菜肴的技巧，除了选料、切配、调味，就是"火中取宝"的功夫。《吕氏春秋·本味》最先提出了"火之为纪"的观点。段成式的《酉阳杂俎》引述唐代一位善评着的将军的话，说"物无不堪吃，唯在火候，善调五味"。袁枚在论及烹饪二十须知时，特别强调"熟物之法，最重火候"。可见，火候于烹饪之重要。苏轼在谈到烹饪要诀时，也指了烧猪肉要"慢著火，少著水，火候足时它自美"。

古人无法精准说明火候，但对火候和"火中取宝"有清晰认识，《吕氏春秋·本味》有"鼎中之变，精妙微纤，口弗能言，志不能喻"的说法；调味则"久而不弊，熟而不烂，甘而不哝，酸而不酷，咸而不减，辛而不烈，淡而不薄，肥而不腻"。

这种"实不可言"的"鼎中之变"，"拔丝苹果"这道菜能真切体现其中的精微变化。拔丝苹果从炒糖开始，糖要经过琉璃、挂霜、拔丝、焦糖几个变化过程。到拔丝这个环节，糖从大泡变成小泡，从手感粘稠到顺滑只是一瞬间的事，说时迟那时快，多几秒少几秒都不成。少几秒，是挂霜；多几秒，就炒成焦糖了。这个过程，厨师要眼睛看得准，手感精准。眼睛和手配合到位，眼到手到。

还有一道菜"油爆双脆"，原料是鸡胗和猪肚头仁，这两样都是极韧老食材，一般都是做长时间加热的炖焖烧类菜品。可是用急火热油的"爆"法，能达到脆嫩的出奇效果。

这要选料精细：鸡胗新鲜，要去掉鸡胗皮，切火柴棍般粗细的菊花刀；猪肚要用猪肚头的仁，也要切菊花刀。用盐碱水反复洗三遍。

开水焯一分熟；过烈油炸五分熟；加葱姜蒜酱油料酒卤虾油等调料炒两分熟；整个过程几秒钟，这是"爆"。

还要留得一分菜在盘中自熟。

加起来九成熟，留的一分，给品赏人自得其乐。

整个过程都是在掌握分寸，拿捏火候。厨者临危不乱，手脚麻利。这来自于对食材品性的了解和经年累月在灶台上使用火的经验。心、手、料、火合一，此为"宝"。

人生如火候。观成事者、成大事者，必定天时地利人和，虽有机缘成分。必定在若干为人处世、遇事决断时，火候拿捏正好。

人生就是一盘菜，有一见钟情的"爆双脆"，也有长时间小火熬煮的"炖花胶"。每个人性情不同，机缘不同，最终人生大菜也不同。一颗大白菜，有菜帮，有菜叶，有菜心，有菜头，有菜根，切不同形状，用不同火候，使不同心思，做出不同菜。可生拌白菜心、生腌白菜墩、切薄片大火炝炒、加醋过油醋溜、切丝旺火炒、切大块熬白菜、和粉条一起炖、老帮子剁吧剁吧蒸团子。

　　呜呼哀哉，原来"治大国若烹小鲜"为是。不知道"烹小鲜"能治大国否？

樱桃又红了

早年，高档餐厅的菜盘里，往往会有罐头装的"车厘子"做装饰：红绿两种颜色。这种糖水的"车厘子"只为装饰菜盘，吃过一两颗，不好吃，有一股子浓重的薄荷味。

没有查过字典，罐头上写着"车厘子"，就认为是樱桃。后来吃到进口大樱桃，有一些别样，认为外国的东西就是好，樱桃都是这么大——有一段时间，总爱买这种大樱桃送人，觉得洋气。

烟台大连近夏时节，也有这种樱桃，是很多年前引进的品种。中国原生的樱桃相对可爱多了，色如凝脂，玲珑小巧。味道酸甜。

餐饮业把大酸大甜的味道叫"樱桃味"，如糖醋大黄鱼的"糖醋味道"，或松鼠鳜鱼的"番茄糖醋汁"味道，都是大甜大酸：辅以盐，平衡甜和咸的锐度；再加入葱姜末，调出来的味道确实柔美，有樱桃的香甜。

谷雨过后，花儿已残红。樱桃是第一个登场的果子。大唐王妃们比英国贵族们更会享受下午时光，品尝樱桃时节带来的美妙——她们喜欢在樱桃上浇以蔗浆，增加其甜度；或在浇以蔗浆的同时配浇奶酪，美其名曰"酪樱桃"。

现在的人们，对于形像"璎珠"、香艳恰如"美人唇"的樱桃，有更多的品赏玩味。

樱桃季节，最应该吃"黑森林樱桃奶油蛋糕"。这款德国南部黑森林地区的经典甜点，现已传遍全世界。樱桃的酸、奶油的甜、巧克力的苦、樱桃酒的醇香——正是暮春夏初的品性。

除此还有"樱桃布朗尼"。将樱桃与巧克力、黄油、面粉和可可粉混合，在模具中烤四十分钟，就能吃上香气浓郁的樱桃布朗尼。再配上一杯纯正的拿铁，就着午后的阳光，惬意啊。

今年我还把樱桃做成"黑松露鲍鱼饭"的配菜。黑松露味儿的鲍鱼味道浓烈，配着甜酸大樱桃，层次丰富，多样深邃。

家里的师娘大厨，特别会做各种果酱。加上一把冰糖就把樱桃煮了，尤其是加了无花果的果酱，口感嘎吱嘎吱的尤其好。

去年樱桃红时，想起白石老人的樱桃图，剔透晶莹，万般璀璨，是朝晖气象。

今年樱桃又红了，还像白石老人的画，只是多了一些莫兰迪的气质。再娇艳的花果，一有些灰色，难免阴郁起来。

汕头"平哥"鲍鱼粽

汕头美食名声在外。潮汕美食之"美"与潮汕识吃和品位有关。生活在这个"美食之乡"的人可是对吃都相当上心与讲究。快到端午了，就说粽子吧。潮汕最有特色的粽子，可以解决自古以来南北口味差异的难题，它不单单是咸的，也不是甜的，而是鸳鸯粽，潮汕人一般称之为"双烹"粽子。"双烹"粽子很多，哪款又拔头筹呢？

前几天，我尝到了汕头吴平远师傅给我寄来的鲍鱼粽。他在潮汕的美食界人称"平哥"，平哥对食材是出了名的挑剔。经他匠心打造，独创出许多既保留传统工艺、又独具"平式"风味的潮汕美食。这个鲍鱼粽是今年进行改良升级的 2.0 版本。

这款鲍鱼粽子的份量足有半斤，吃过的人说"一个管饱"。这么大的粽子，主角却是鲍鱼，是新鲜的五头鲍，相当肥美。

糯米是粽子的灵魂。这批糯米是去年平哥专门到江西采购的晚造糯米。平哥说，去年的晚造纯度、硬度达到了 98%，蒸出来的糯米饭糯香诱人、绵密细腻，包裹在粽子里米粒颗颗分明，香气盈口。

粽子里面的五花肉是潮汕本地黑猪肉，先腌制 48 小时入味，再烤制脱油祛除油腻感，焦香四溢。

潮汕粽画龙点睛的部分是各种豆沙甜馅儿。一般潮汕的粽子甜的部分占比不多，它就像宴席收尾的那道甜点，起平衡口感的作用。鲍鱼粽里面的豆沙精选了东北红小豆。豆粉香气足，制成的红豆沙像巧克力酱一般柔滑、香气饱满。

平哥的鲍鱼粽甜中带咸、咸中带甜，各种食材有机融合。潮汕食客形容为"软顺、适口"，都说平哥的鲍鱼粽代表潮汕鲍鱼的最高水平。

樱桃和车厘子，是一回事吗

樱桃和车厘子，是一回事吗？

对这个问题，我请教了"菁制美食"，她给了我解释："是一回事。车厘子是 cherry 的英音译制。"

樱桃，美国、加拿大、智利、澳洲、欧洲有，中国也有，品种多，品质也不一样。

在种植过程中，天气因素最重要，成熟期雨水量和阳光强度决定了樱桃口感。所以，地理位置是关键。

全世界水果种植的黄金纬度在南北纬 40°-50° 之间，能产出品质一流的水果。新西兰奥塔哥中部地区（Central Otago）位于南纬 45°，这里靠近南极，冬天寒冷，果树冰封，可长时间休眠，并免除了病虫害侵袭。春夏季光照时间长，降水量少，果子能得到充分生长。片岩石结构的土壤条件是果树们最理想的沃土。

奥塔哥中部地区樱桃到了盛果期，甜度普遍是 20-25，到了 25 时，入口如蜜糖，齁甜。

有风日，做了款马多利樱桃萨其马。萨其马是满族甜食小吃。萨其马是音译。用樱桃榨汁和面、炸制，拌糖浆，切方型，再点点儿樱桃酒。萨其马在工艺上有很多精进，最大特点是绵软。现在广州白天鹅"玉堂春暖"餐厅做得最好。打开包装，一块萨其马一会儿功夫就全瘫了。估计和广州的天气有关。广州温热潮湿，类似萨其马样的甜食就会瘫软融化，没听说过广州的食物有嘎嘣脆的。总之，北京的特产在异地做出光辉，风头盖过原产地，让北京的面案大厨心里有些酸楚。

做好绵软的萨其马不难，难的是有不断让它绵软的心思。

萨其马要用蛋黄和面。炸的温度不要高，时间不要长。传统用饴糖拌条，皇家用蜂蜜拌条。现代用一些转化糖的葡萄糖浆。目的都是为了更加绵软。

用樱桃汁和面，汁多汁少随你。汁少，娇媚明丽，青春生动；汁多，浓妆艳彩，风韵多姿。

吃樱桃萨其马，酸酸甜甜，柔柔软软，有一袭和风细雨，心就软了，事就淡了。

槐树花"布兰子"的各地叫法

快到五月，槐花开了。有白色、鹅黄和浅紫色的。香清逸远。

槐树花是可以吃的。吃槐树花，用玉米粉、白面粉加盐拌了蒸。也可以炸"槐花鱼儿"。蒸了的槐树花儿，要蘸汁吃，或者再加葱花鸡蛋炒，炒出焦脆的嘎巴，可有滋味了。

陕西人这样吃槐树花叫槐花"布兰子"。"布兰子"是山西和陕西叫法，是传统面食。本来叫"拌子"，却在山西方言里把"拌"这个字拆成 bu 和 lan 两个音来读，谐音就成了"布兰子"。也有地方叫"谷垒"，谷是五谷，用各种杂粮粉和各种菜拌合，面少菜多成颗粒状垒在一起，叫"谷垒"倒也贴切。在陕西关中叫"麦饭"。像用土豆擦丝儿做的"谷垒"，在陕北叫"洋芋擦擦"，河北叫"苦力"，晋南叫"馈垒"，北京延庆叫"打傀儡"。仔细听，发音类似，只是地方方言的些许差异。

过去年景不好的时候，吃槐树花是为填饱肚子，现在倒成了尝鲜。

北京"淮扬府·游园京梦"的"香糟虾籽茭白"

三到十月，茭白上市。

茭白学名叫"菰"（gū），和水稻一样，是禾本科，也能结穗，籽实被称为"菰米"，或"雕胡米"。肥嫩的茭白其实是病态产物，植株受感染后，渐渐增生膨大，长成了肥肥大大的纺锤形，不同地区称它们为茭白、茭瓜、茭笋、水笋等。

清《调鼎集》给出了茭白八种不同做法：拌茭白，茭白烧肉，炒茭白，茭白酥，茭白脯，糖酥茭白，酱茭白，酱油浸茭白。袁才子在《随园食单》中也提到了茭白炒肉或炒鸡。

茭白吃法多，北京"淮扬府·游园京梦"的"香糟虾籽茭白"最得我心。

香糟虾籽茭白，是江苏名菜。"糟"是一种常见于江南地区的烹饪方法。鱼米之乡，酿造发达，酒糟也多。糟制的食品成为当地的特色美味。王世襄先生特别爱吃糟味儿，说用它泡酒调味是中国菜的一大发明，妙在糟香不同于酒香，做出菜来有它的特殊风味，决不是只用酒所能替代的。山东菜里也善用"香糟"，糟熘三白就是名菜之一。

"淮扬府"香糟虾籽茭白，茭白切滚刀块，清汤加香糟汁同虾子煨烧茭白。虾籽如星星赤玑散在茭白上，吃进嘴里是点点的鲜。茭白丰满软嫩，既不寡淡，也不油腻，又带着糟香。

我特意查了查国外有没有茭白。见日本、俄罗斯、欧洲也有分布，吃茭白却不见多，主用"菰米"煮饭，饭香且又软又糯，很得人钟情。在中国，从周到唐宋，"菰米"也属"六谷"之一，后日渐稀少而渐渐撤出了粮食大类的队伍。

对吃，人们知味有灼见。而风物之美就全透在不负美名的食物里。

听华永根先生讲"三虾面"

马上立夏，苏州华永根先生邀请有时间去吃"三虾面"。暂时去不了，就听华永根先生讲讲"三虾面"。

"面"是苏州人的早饭。论吃鲜，夏天当属"三虾面"。苏州的"三虾面"最好的时令一定到农历五月左右，这时候太湖青虾满腹抱籽、虾脑发硬。

"三虾"是浇头，指虾仁、虾脑和虾籽。

"拆虾"是细腻的活，会有专门阿姨拆。先取活虾，轻轻洗掉腹部的籽；也有人用牙刷刷，一刷虾籽就纷纷抖落。洗落的虾籽沥干水分，放在锅上炒香。炒后的虾籽像鱼籽一样有发红的、发黄的。再把虾头掐下来，盐水里煮，头部里有米饭粒大小的硬块，用手剥出来就是玛瑙似的虾脑。后就是挤虾仁，尾巴一掐，上边一拧就挤出来了。

做"三虾"浇头。把挤出来的虾仁用蛋清和淀粉上浆，放冰箱里冷冻个把小时，稍微胀大下，再入油锅滑熟。另起锅放虾脑和虾籽调味就可了。

"三虾面"有几种吃法，一种是吃拌面，不带汤，这样"虾籽"可完全吃完。另一种是三虾汤面，汤要稍微紧点，但度要掌握好，汤太少，面干不滑爽；汤多虾籽都沉到汤底，不易吃到，也算是一规矩。吃要趁热吃，Q弹的虾仁裹着细细的虾籽，又缠绵着红色虾脑，好吃到让人心里发痒。

苏州人信仰虾籽是十分鲜美的，并汇同虾脑、虾仁，把"三虾面"推向了极致。今年不吃，就再等上一年。

《风味人间 2 · 甜蜜缥缈录》中的大董味道

　　陈晓卿老师的《风味人间 2 · 甜蜜缥缈录》正如大家期待的那样，真是看着过瘾。这里有几道大董菜品。这几道菜，既有纯粹绵香的"拔丝苹果"，又有辣中回甜的"干烧比目鱼"。说起甜，"董氏宫保虾"中的甜是平衡辣感的最好物质，又突使荔枝味汩汩上口，"指橙遇见黑叉烧"的甜是若隐若现的，甜中带咸，咸不压甜。"糖醋小排"的甜是酸甜，甜得大张旗鼓又不动声色。每一种甜都是有灵魂的。

　　大约在公元前 8000 年，几内亚的甘蔗就开始了第一次向世界传播，首先传播到印度。两千多年前甘蔗传入中国，在明代，人们掌握了制造白糖的工艺，当时熬炼白糖的"黄泥水淋脱色法"技法成中国伟大发明。曾经，蔗糖的功能不单单是甜味剂，还是药品、香料、装饰品和防腐剂。其中的香料，正是糖作为调味品，进入了烹调世界，使日常食物不再单调乏味。欧洲中世纪的菜谱中，糖用于制作肉类、蔬菜及其他菜肴，通过蔗糖发挥香料作用，而激发饮食欲望。像川菜推崇的复合味型，离不开糖与其他调味品的协同，无论热菜冷菜，糖都起着点化作用。

　　十六世纪在欧洲，蔗糖是奢侈品，一度只出现在富人的餐桌上，英国下午茶的风靡正是糖作为权利与地位体现。1850 年是转折点，糖日益成为大众化消费，喝加糖的热茶让当时卡路里摄取不足的民众营养得到及时补充，又能压制茶的苦涩。同时与糖联系在一起的还有咖啡与巧克力。再后来，糖饴、果酱、面包、甜点更是渗透到人们日常食物的选择中。

　　人们喜欢吃甜，因为甜能让舌头得到出乎意料却又妙不可言的感受。甜能促使大脑分泌大量多巴胺，所带来的愉悦令人满足。

"甜蜜缥缈录"中的"大董拔丝苹果"有妙趣。将苹果切块炸脆糊；投入热熔的蔗糖浆中挂糖；在糖浆变化瞬间，迅速起筷拔出糖丝。丝缕之间是无尽的甜蜜、幸福、快乐。

附《风味人间2·甜蜜缥缈录》中的大董菜单：江雪糖醋小排、桃花泛（油焖大虾）、糖醋黄鱼、干烧比目鱼、大董"酥不腻"小雏鸭蘸白糖、指橙遇见黑叉烧、凉瓜狮子头、十五年陈皮炖水鸭、摔碎了的蛋、拔丝苹果、马爹利萨其马。

野蜂飞舞就是蜜蜂跳的踢踏舞

第一次听朗朗弹奏《野蜂飞舞》，当时并不知道曲名，只是极快的旋律一下吸引住我，屏住呼吸细细倾听，曲子极富感染力，空间感强烈。

没留一口喘息，作品以极快的节奏描绘出野蜂飞舞的画面。纤细的震音能感受到蜜蜂翅翼振动的声响。力度上的强弱变化，更是将野蜂忽远忽近且偶有停歇的景象描绘得惟妙惟肖。

听曲子有一种莫名的感受，蜜蜂太辛劳了，采粉酿蜜，勤劳而终。大自然几千万年造就小小蜜蜂这个精灵，劳作是他们分享蜜蜂社会群体生活的方式。这其中体现出蜜蜂的个体价值，勤劳并快乐着。再没有比蜜蜂这个有组织的社会群体更充满生命力的。

野蜂飞舞就是蜜蜂跳的踢踏舞，群体的、有节奏的，踢踢踏踏，手舞足蹈，兴高采烈，快乐至极。蜜蜂酿蜜为自身群体，也奉献人类。就像唐代诗人罗隐咏蜂诗所言："采得百花成蜜后，为谁辛苦为谁甜。"没有蜜蜂授粉，80%以上的植物会消失。据说爱因斯坦讲，如果蜜蜂从地球上消失，人类存活不会超过四年。

我喜欢蜂蜜，也喜欢听甜言蜜语。小时候觉得蜜蜂的肚子里都是蜂蜜，一次就直接把蜜蜂的屁股怼在嘴里吸，你知道发生什么了吧？舌头肿了两天。两天没敢说话，没吃饭，眼里总是泪汪汪的，像是有无穷无尽的浓情蜜意。后来就变成了性感嘟嘟唇。

蜂蜜可以做太多好吃的。《风味人间2·甜味缥缈录》中尼泊尔人炸油饼"古隆面包"蘸食蜂蜜，是最美最具幸福快乐的食物。除此像北海道"蜂蜜蛋糕"、西班牙"杏仁糖杜隆"、俄罗斯"梅多维克"、荷兰"蜂蜜煎饼"、新加坡"仙草水",日常饮用的"蜂蜜柚子茶""蜂蜜杏仁露""蜂蜜姜汁汽水",也是甜美至极。

甜蜜带给人愉悦的感官体验,也用来形容人类社会相互之间融洽亲昵的关系。

女生最好的闺中密友叫闺蜜,糗在一起说甜话儿;粉红色是甜蜜的,邓丽君的歌曲都是粉红色的回忆;甜蜜代表幸福,形容幸福的生活像吃了蜜;称呼最疼爱的人叫"小甜心儿";把会说话的人形容为"嘴巴抹了蜜一样"。

对了,还有一句话要说:"甜蜜的谎言是什么?假蜜满天飞,真蜜无人买。"有说,市场上的蜂蜜80%是假的。这到底是"甜蜜",还是甜蜜的谎言。

说了这些与蜂蜜有关的话,想起一个人:在神农架种茶的美食作家古清生先生。

经常会看到他在网上发美食图片,加上几句话。每次发言都是以一句"清苦清苦的日子"开头。

我喜欢古先生的文字,看过几本他的美食书,其中一本还记得书名《坐在黄河岸边小镇上品饮》。古先生是地质队员出身,走过天南海北。这本书就是从黄河源头可可西里一直写到出海口东营。看他的文字,感觉人在天上俯瞰:城市的烟火气,蒸腾而上,甚是诱人。

古先生这么多年跑到神农架种茶,每年春天总是给我寄来几大箱子他做的绿茶和红茶,当然还寄来账单。有时候还寄来几瓶蜂蜜,发来微信说,这是神农架的野蜂蜜,不骗人。

古先生的绿茶最好喝。他的茶火重,茶味深沉。所以有时候我就放一点他寄来的蜂蜜调和一下口味。沏绿茶,放蜂蜜,估计也就我这样喝。

我喜欢蜂蜜，也喜欢听甜言蜜语。小时候觉得蜜蜂的肚子里都是蜂蜜，一次，就直接把蜜蜂的屁股怼在嘴里吸，你知道发生什么了吧？舌头肿了两天。两天没敢说话，没吃饭，眼里总是泪汪汪的，像是有无穷无尽的浓情蜜意。后来就变成了性感嘟嘟唇。

世界语版：Mi amas kaj mielon kaj dolcxajn vortojn. En mia infaneco, mi pensis, ke en ventroj de abeloj estas plenplena de mielo. Foje mi rekte sucxis iun abelon. Vi do scias kion okazis. Mia lango sxvelintas du tagojn kaj mi nek parolis nek mangxis dum du tagoj, kaj cxiam volas plori, same kiel, ke ekzistas senlimaj dolcxaj aferoj en mia koro. Poste miaj lipoj farigxis seksaj doodaj lipoj.

英语版：I like honey and I like to listen to sweet words. When I was young, I felt that the bees had honey in their stomachs. Once, I sucked the bee's ass directly in my mouth. Do you know what happened? The tongue was swollen for two days. I didn't dare to talk or eat for two days, and my eyes were always tearful, like an endless love. Later, my lips became sexy thick.

焦糖是个万人迷

过去，逢年过节家里做炖肉，要用红糖炒个"糖色"，炖出来的肉枣红色，肥香中有一丝甜苦，晶莹剔透，颤巍巍的诱人。

通俗讲"糖烧焦了"，就是焦糖。

在世界万千食物里，还没有哪一种食品不能放焦糖，真的，说这话我是严肃的。即使是白色的菜品，比如中餐的芙蓉鸡片，我觉得放一点焦糖色，会更加迷人。

一杯焦糖玛奇朵、一份焦糖布丁，都是美美的下午茶。焦糖吃起来不甜，反而是带一股焦苦味，这苦味可是迷人上瘾的。

人类历史就是一种瘾代替另一种瘾的演进史，美女是瘾，美酒是瘾，辣椒是瘾，咖啡的苦也是瘾。焦糖玛奇朵，就是一种让你喝过还想再来，每天定时来，不来就闹心的焦糖瘾。

焦糖是个万人迷。和她在一起，总是那么惬意和快乐。

焦糖165℃时，浅琥珀色，甜度偏高，适合与肉、菜、蛋腻乎。有甜有咸，中和了口感。

焦糖炖蛋羹、焦糖排骨、焦糖红烧肉、焦糖鹅肝、焦糖味九转大肠、焦糖甜烧白、三杯焦糖鸡、焦糖甜皮鸭、焦糖樟茶鸭、焦糖小雏鸭、焦糖猪皮冻、焦糖豆腐花、焦糖淮山、焦糖香辣虾、焦糖鸡翅、焦糖沙丁鱼、焦糖鳗鱼烧、焦糖烤蛋白、焦糖葡萄藤烤鹌鹑、焦糖洋葱、焦糖锅巴、东坡焦糖肘子。

171℃焦糖，标准琥珀色，如少女豆蔻年华，有着最微妙的甜与苦。甜的不腻，微苦亦是风情。只要是甜点都愿卿卿我我。

焦糖布丁、焦糖曲奇饼干、焦糖吐司、焦糖冻柿子、焦糖慕斯、焦糖松饼、焦糖爆米花、翻转焦糖苹果派、焦糖乳酪蛋糕、焦糖板栗、焦糖红薯、焦糖瓜子、焦糖糖人、焦糖糖葫芦、焦糖无花果、焦糖甜甜圈、焦糖萨其马、焦糖龟苓膏、焦糖挂霜花生、焦糖舒芙蕾、焦糖姜饼屋、焦糖南瓜玛芬、焦糖戚风、焦糖蛋饼、焦糖巧克力橄榄包、焦糖乳酪苹果挞、焦糖班戟、焦糖巴巴露、焦糖酥饼、焦糖泡芙、可可焦糖杏仁豆、焦糖玛德琳、焦糖腰果、焦糖大米果、焦糖布朗尼、焦糖糍粑、焦糖渍樱桃、焦糖洋梨芙纽多、焦糖卡纳蕾、焦糖千层酥、焦糖果冻、焦糖燕麦粥、焦糖达克瓦滋、焦糖麻圆、焦糖杏仁酥。

焦糖接近 180℃ 时，就像每一年都在成熟的自己，苦与甜的交织产生了更丰富口感。做焦糖软糖、焦糖海盐巧克力、太妃糖、焦糖奶油糖、焦糖棒棒糖最为合适。

焦糖 190℃，颜色几近咖啡色，做罐焦糖酱涂面包，是早餐最好的打点。如遇焦糖冰淇淋、焦糖绵绵冰、焦糖拿铁咖啡、焦糖玛奇朵、焦糖肉桂红茶、焦糖芝士奶盖、焦糖奶茶、焦糖海盐可乐、焦糖马天尼，就又擦出不同火花。

焦糖就像会跳舞的王后，着着笑意在舞池里飘然旋转。焦糖白兰地、焦糖贵腐酒、焦糖川贝枇杷露、焦糖色睫毛膏、漂亮女生的焦糖色大衣、焦糖香熏蜡烛、焦糖味香水、焦糖色唇膏、焦糖磨砂膏、焦糖雪茄，都是舞伴。

你是谁的爱恋，谁又是你的焦糖。

说到糖，你会想到啥

糖已经不是稀罕物，在我们的生活中，随时都有糖的影子。

说起糖，每个人想到的事儿肯定不一样，有的人说想起糖葫芦，有的人能想起咖啡，有人能和热恋联系起来，有人能说起糖的变迁史。

我小的时候，糖不是稀罕物了，但也不是能随便买糖吃。那是个缺糖吃的年代。

我的一个叔叔远在嘉峪关当兵，突然带着新婚的婶婶回来了。小婶婶是个医务兵，可漂亮了。两口子回来结婚，我妈妈带着我去贺喜，小婶婶抓了一把糖塞进我的衣兜，可把我高兴坏了，小婶婶真好。我捂着口袋，高兴地跑出房门，在院子门口被叔叔的两个侄子截住了，把我兜里的糖又要了回去。

这是小孩的故事。

说起糖，我最得意的是恢复了全聚德"烤鸭蘸白糖"的老吃法。

1992 年前后，我在团结湖烤鸭店当经理，使劲抓服务，抓顾客体验。其中，把我看到的写在《全聚德史话》书中的故事，给照搬了下来。

《全聚德史话》里这样写的蘸白糖吃法："据说是由大宅门里的太太小姐们兴起的。她们既不肯吃葱，也不肯吃蒜，却喜欢将那又酥又脆的鸭皮，蘸了细细的白糖来吃。此后，全聚德跑堂的一见到女客来了，便必然跟着烤鸭，上一小碟白糖。"

我看到这段话很兴奋，像吃了蜜一样。在这之前，吃北京烤鸭的配料也就是葱丝、甜面酱和面饼。

按着书里的说法，我增加了黄瓜条、萝卜条、蒜泥、白糖、小酱菜。

强调烤鸭的三种吃法。

第一种吃法，用鸭皮蘸白糖，这种吃法特别有滋味，鸭皮上的饴糖、鸭油脂肪，果木清香，用炭火一烧烤，再蘸了白糖，焦糖味、炭火味、脂油香、白糖的甜润混合在一起，相互交织，相互作用，多少种芳香物质冲击而来，这是最迷人上瘾幸福快乐的体验。

第二种吃法，荷叶饼卷葱就甜面酱加鸭肉，甜面酱甜咸有酱香，大葱丝丝辣意，刚出炉的烤鸭鸭脂香是一种朴实浓郁的味道。大葱蘸酱消弭鸭肉的肥腻。

第三种吃法，芝麻烧饼夹蒜泥、甜面酱和鸭肉。蒜泥和烤鸭油脂加上烧饼的麦香、芝麻油香，这是最雄浑最过瘾最霸道的味道。总觉得有一种铜锤花脸的唱，从胸腔迸发出来的铜锣声音在耳边萦绕。又像是天堑雄关，一人当道，万夫莫开。

后来这三种吃法成为了全国烤鸭的标准，我专利的烤鸭调料盘也成为全国烤鸭调味盘的标配。

我们不缺糖吃了。糖带给我们的美好，从来没有忘却过。有时候为了回忆，还要吃一口糖。

焦糖为什么让人上瘾

焦糖风黛绝佳。在中西餐里似乎都让人青睐。

比如焦糖海盐圣代，海盐和焦糖直觉上凑不到一块，却是绝配。焦糖带着强烈的坚果甜味，海盐却能突显这甜，因此具有清澈的风味和口感。

还有煮法式洋葱汤，关键是洋葱的焦糖化。比如在简易红酒炖鸡这道菜里，鸡不只是用水煮，而是用焦糖化的洋葱和鸡汤煮。事前将洋葱焦糖化再加入水做成汤，焦糖化的洋葱会有明显柔和的甜味。

烧烤一个猪五花培根，可以配各式酱汁，比如芥末酱，还可试试焦糖味噌酱，会让你欲罢不能的。

烤鸭好吃，奥秘在于鸭皮的"焦糖"工艺。烤鸭要用饴糖或者蜂蜜按照一定的比例上色。没烤制的鸭子是看不见颜色的。鸭子入烤炉，鸭子身上的饴糖或蜂蜜会随着温度，慢慢焦糖化，烤出颜色。过去烤鸭店会利用烤鸭焦糖化原理，用更浓重的饴糖或蜂蜜，让客人在鸭身上留下字体，烤鸭烤制后，能显现出客人留下的字迹，这很有趣味性。焦糖化反应使鸭皮呈现出琥珀色，又产生醛类、酮类等一些特殊风味的香气物质。而果木在燃烧时游离出的芬芳果木香，使烤鸭更加味美。

糖至焦糖，有特定的温度范围：170℃-220℃。每个温度焦糖所显现的颜色状态不一，是从乳白色到深焦色的递进，从高明度到低明度的渐变，也是从鲜艳到浊化的过程。这是让人温暖舒适的颜色。

焦糖入口，分泌大量多巴胺，这是让人上瘾的原因。这"瘾"既温柔又有攻击性，无法抵御。没了焦糖，美味就像丢了魂一样。就像聂鲁达的诗句："我是个绝望的人，是没有回声的话语。"

爆浆了的黑糖三角

转眼到了二月二，民间要吃肉龙。前天吃肉龙，厨师顺手做了黑糖三角。这两样东西现在当成了稀罕物。

有过一个段子说，吃糖三角烫了后背。吃糖三角怎么会烫后背？原来，吃糖三角，一咬，热糖汁一下子顺着手腕流到胳膊上，就用舌头去舔胳膊上的糖汁，这时胳膊已经扬起后肩膀，流出的糖汁又烫了后背。

黑糖三角里面的面皮最好吃，尤其是放一两天后，糖渍的面皮有点韧，咬起来特别带劲。

最初的黑糖，出自古印度，是甘蔗榨汁熬煮浓缩到最后，剩下的黑黢黢的混杂物就是黑糖。到了中国明代，工艺改良制造出了白砂糖。在此之后正统的制糖诉求变成了怎样能得到更纯粹的糖，黑糖渐渐沉默。现如今，黑糖风靡，正像人们吃惯了精米白面，翻过头来想吃粗粮一样。从随手可沏的黑糖水，到黑糖话梅、黑糖珍珠奶茶、手炒黑糖乐乐茶、黑糖波霸，各式各样食品与黑糖连理，增添了平常食物没有的风味，也有更多的人迷恋上了黑糖的味道。

黑糖的独特风味一部分是自身所含物质，如某些能产生清淡苦味的矿质，其他绝大多则是在熬炼过程中形成的。焦化反应带来甘草味和焦糖味；乙醛和二甲硫形成青涩味和海水味；奶油味出自醋双乙酰；熏醋味源自微量乙酸等。

白糖除了甜，平淡无奇。黑糖浓郁的炭火味道，就像我们平淡的日子，有了些许烟火气。糖三角，以及无数种甜蜜的食物，又在快乐和喜悦之上带来圆满。

糖蟹糟蟹说不清，现在我是熟醉蟹

唐《北户录》有记"糖蟹"做法。北魏农学家贾思勰所著《齐民要述》中"藏蟹法"也指糖腌蟹。

宋陆游则认为："唐以前书传，凡言及糖者皆糟耳，如糖蟹、糖薑（jiāng，同'姜'）皆是。"

我百度查"糖蟹"意，也释义为"糟腌的蟹"。对此说，我有不同看法。

虽在中国唐代，炼糖术进一步提高，出现砂糖，在汉代时，印度"石糖"就传入中国，且有"取甘蔗汁以为饴"的说法。唐以前，"糖蟹"中的甜味是薄饴，即便没有砂糖，直接用蔗浆也是能做成"糖蟹"的。

江南糟货多，糟蟹、糟虾等。在江南，一切皆可糟，只要不糟心就好。山东菜和北京菜，也有糟味菜，如糟熘、糟蒸、糟煨、糟卤。放香糟酒、糖、盐等，成菜鲜中带甜，香糟四溢。

蟹除了"糟"，还可"醉"。"熟醉蟹"与"糖蟹"有相同脉络，用黄酒、糖、盐、生姜、花椒等做醉汁，将蟹蒸熟浸腌。醉蟹的黄酒，选安徽的古南丰黄酒好，这酒本身口感甜，也可再加些茅台酒提味，使酒香更浑厚。经过酒醉后的蟹，蟹肉透亮鲜甜，膏黄晶莹肥腴又弹牙，带着黄酒的香气和甜的回口。各种味道相互激发，又互不抢味。

蟹，无论是糖、糟、醉，都使蟹生出了另外的鲜，还饱有陈酿的时间味道。这特别的风味浓缩在舌尖，又在舌尖轰轰烈烈隽化，滋味绵长。

糖水、蜜汁、挂霜、拔丝、琉璃和糖色

中餐里有很多相似或系列烹调方法，比如煎、贴、塌，还有熬、煮、炖这些都不容易区分。

糖水、蜜汁、挂霜、拔丝、琉璃和糖色是一个熬糖系列。由糖加水加热起，每一个阶段可各自成菜，也可以一气呵成连续不断到最后成为焦糖色。其实这一连串的动作区分起来并不难，并且可以利用火力大小控制糖的变化。从糖到焦糖的每一阶段的变化都可以独立成菜，且风味独特。

糖水菜是最基础的甜品菜。制作时加水开火煮，水多水少影响甜度。这阶段要把糖煮化，掌握好甜度，加入粉芡。也有加入甜桂花，或者蜜饯果的。糖水原指用蜂蜜作为主调味，加水调释稀淡，后可用各种甜味做糖水。

2014 年秋天去杭州满觉陇，正是金桂飘香时节，满街都是沁人心脾的桂花甜香味。坐在一户制桂花糖人家的院子里，听老先生讲桂花糖的故事，吃了一碗加了桂花糖的糖水汤圆。桂花很香，糖水也甜，那一下午坐在院子里很惬意。

蜜汁可用糖水勾芡来理解。最爱吃的蜜汁菜是八宝饭。黏糯米有弹性掺和了众多果料，尤其是足足的红糖豆馅儿浇上蜜汁，欲罢不能。幼年时对糖对甜的美好记忆深深影响到现在，对一切甜都有好感。人之本性所谓食色。食之金字塔尖，对食美和食之幸福快乐激发的多巴胺，大致是脂肪、糖与淀粉；色的唯美金字塔是爱情与性的持续高潮。

挂霜菜，就有点意思了。我说有意思是我在学习拔丝的时候，有几次不知道什么原因，没有出丝，失败了，糖出现了翻砂。

当然，翻砂和挂霜并不一样。挂霜，顾名思义犹如深秋早晨覆盖在草丛、地面上的白霜，也似冬瓜表皮附着的白色物。挂霜要在形状和颜色上必须极似自然界的白霜，晶体体积大约只有砂糖颗粒的二十分之一。重要的是它和砂糖在口感和风味上是有显著区别的。挂霜需要熟练的掌握其中的诀窍和科学原理。其实，挂霜是应用结晶学原理使砂糖溶液再次结晶的结果。第一，水、糖比例要合适；第二，熟料裹粘糖汁后要立即降温，使糖汁包含的水分尽快蒸发。

一说挂霜，会想到"挂霜花生"，这太一般了。挂霜菜给我印象深刻的是，有一年去山东济南府上，朋友给我做的"挂霜丸子"。"挂霜丸子"是将煮熟的肥肉臕切火柴头大小的丁儿加油面，挤成丸子，过油炸，再挂霜。我觉得最有意境的挂霜菜是"雪衣豆沙"，类似"炸羊尾"，将豆沙馅儿用蛋白泡糊炸再挂霜。有霜天的一片洁白，无与伦比。

熬糖的第三个阶段是"拔丝"。拔丝菜冷却后再成菜是"琉璃"。熬糖至颜色呈现米黄色，糖汁如水，就可拔丝。如继续炒糖，颜色如栗，是炒"糖色"，或为焦糖。这时候，说时迟那时快，糖色在急剧变化，瞬时就可到焦糖，这时，升腾起来的气味儿，有果木、火、糖、油交炙味儿，这个味道，最迷人，像在性爱的高潮里。每次我总想让这个味道多停留，多停留。

立
夏

鲥鱼，到时候就来

"鲥鱼"者，到时候就来，余月不复见。什么时候来呢？婪尾（芍药）花残时。入黄梅季节，在布谷鸟的啼叫声中，生殖洄游入江。

我最早见鲥鱼是在团结湖烤鸭店。刚入夏，见人送来一大锌皮箱子，不知道叫什么鱼，尖嘴、阔腹，腹下鱼鳞如箭簇，通体犹穿银衣，长有尺半。这一箱子鱼是老经理林雅轩先生订的货。

他嘱咐我，蒸鲥鱼有关键。千万别把鳞去掉，要带鳞蒸。葱、姜、料酒、盐，先略腌渍，盖上猪网油，上锅蒸。蒸好后，把猪网油取下，蒸汁浇上。熟后的鲥鱼鱼鳞个个翘起来，似啫喱冻，放入嘴中吸吮，确如凝脂，异常鲜美。《金瓶梅》中，伯爵曾拍赞西门庆道："江南此鱼，一年只过一遭儿，吃到牙缝里，剔出来都是香的。"

现在再食鲥鱼，总觉得鳞似瓦片，不再见鱼鳞锁着脂肪闪闪发光。这已不是长江鲥鱼，是珠江或缅甸的。

鲥鱼清蒸、油煎、糟煎、蜜酒蒸都有。鲥鱼好，好就好在鱼鳞饱含脂肪，却憾肉质略粗糙。我用低温慢烤技法做的鲥鱼，解决了肉质老的问题，做出的鱼肉如南豆腐般嫩滑，腴而不腻，透着清鲜。

长江已封鱼。遥想鲥鱼当年，小乔初嫁了，雄姿英发。

和黄山谷说苦

川友寄来苦笋，说夏日多食苦笋，可开道。这和黄山谷说法一致。

黄山谷有《苦笋赋》，此赋赞美苦笋有益身心健康。苦笋物性是"小苦""温润缜密"，但"甘脆恔当"，故而"反成味""多啖而不疾人"，于身心有益。接着，融注自身体验，寓苦笋以深刻含义：苦竹之笋，味道虽苦，食之却可以"开道"；忠谏之言，虽然逆耳，听之却可以"活国"；苦竹之笋，"钟江山之秀气"，忠谏之士，聚民族之精华；苦竹之笋，"深雨露而避风烟"，忠谏之士，存傲骨而鄙权贵。苦笋与忠臣，是那么的相似，但世人多不理解。

黄山谷对食苦笋的描写如针探珠，思深智得。峨眉山苦笋清脆稚嫩，清鲜而小苦。这苦是后苦，且微。苏浙地区的冬笋春笋在味觉记忆中深深牢固着，是甘且甜。相对甘笋，苦笋之小苦，微量微妙，深邃回味。苦笋之味，苦之若甘。食苦必识苦，食苦如识人。识人宜有虚怀。蜜语如沐雨，让人身爽。苦语像晚风，使心得化。

初夏食得一苦笋，今年苦夏必定不苦，定有滋有味。

大董虾子大乌参

三十年前去上海，在一个餐厅吃"虾子大乌参""松鼠鳜鱼"，还有一些菜都忘记了。那次是作为北京餐饮行业的技术人员去上海考察学习去的。印象深刻。虾子大乌参特别肥糯，汁酱浓稠，甜且鲜美，虾子嚼而有声。

那时候餐饮业等级森严，大饭庄子高高在上。大饭庄子大都是过来的老品牌，经营的菜品也是一些名菜、大菜。

我在小饭馆待过两年。小饭馆的菜名和大饭庄子都不一样，小饭馆卖"辣子鸡丁"，大饭庄子卖"宫保鸡丁"，小饭馆卖"木须肉"，大饭庄子卖"苜蓿肉"。"虾子大乌参"在我看来就是上海菜的头牌，说上海菜首先上嘴的就是"虾子大乌参"。

后来慢慢的就听不见说"虾子大乌参"了，只是总在心里念叨。

在《中国烹饪》杂志上看到上海老一代师傅周三金先生的一篇文章写"虾子大乌参"，说"虾子大乌参"是上海特色名菜，始于二十年代，首先由上海十六铺德兴馆所创制。德兴馆是上海著名的本帮菜馆，它创设于清光绪九年（1883），原在"洋行街"附近的真如路 2 号。说起该店首创的"虾子大乌参"，这与"洋行街"有关。二十年代时，"洋行街"已经是上海最热闹的商业中心，在这条街上有许多商行经营山海土产生意。其他生意都不错，唯独海味行经营的海参销路极差。当时一般的上海人还不懂得如何吃海参。海味行的老板为了打开销路，就与德兴馆老板商量，愿意无偿向饭店提供海参，试制美味菜肴。义昌海味行和久丰海味行首先向德兴馆提供了一批"大乌参"。该店的著名厨师杨和生和蔡福森，就将大乌参经过火苗烤、铲壳、清水浸泡、旺火烧煮等加工水发后，经热油锅稍炸，再加笋片、酱油、白糖、味精、鲜浓汤、肉卤烹制，乌参油光发亮，酥烂味美，一时便成为风靡上海的名菜。原来叫"红烧大乌参"，后来厨师考虑到海参虽富有营养，但鲜味不足，光是鲜浓汤烹制还不够鲜，于是又取用鲜味浓厚的干河虾子做配料，味道就更鲜了，所以后来就定名为"虾子大乌参"，因而远近闻名。在三十年代，上海的许多著名人士，如鲁迅、白杨、周信芳以及其他著名电影演员等，都慕名前往品尝。到三十年代后期，该菜就成了上海最著名的特色菜，全市许多著名菜馆，无论是本帮菜馆还是苏帮菜馆差不多都经营"虾子大乌参"。解放以后党和国家领导人邓小平、宋庆龄、李富春、罗瑞卿等，也曾经慕名前往该店品尝过此菜，并称赞它极具特色，口味鲜美。至今，"虾子大乌参"仍保持肉质软糯酥烂、鲜味浓厚、爽滑可口的特色，成为上海菜帮的看家菜。

"虾子大乌参"取用水发大乌参 300 克（6 两）、干虾子 15 克（3 钱）、绍酒 15 克（3 钱）、酱油 10 克（2 钱）、白糖 4 克（8 分）、豆油 650 克（1 斤 3 两，实耗 50 克）、猪油 50 克（1 两）、味精 2 克（4 分）、肉汤 150 克（3 两）、水淀粉 25 克（5 钱）等为原料。

制作时，先将炒锅中火烧热，放猪油 50 克（1 两），烧至六成熟时放入葱结炸出香味成葱油待用。接着把炒锅置旺火灶上烧热，放熟豆油 650 克（1 斤 3 两）至油八成热时，将洗净沥干的水发大乌参皮朝上排放在漏勺里浸入油锅稍炸，并用漏勺轻轻抖动，炸到爆裂声减微时捞出沥干油。随后将锅内热油倒出，锅里留油 5 克（1 钱），放入大乌参（皮仍朝上），加酒、酱油、炒肉卤（指用生烧肉块的红卤汁）、肉汤、白糖、干虾子（事先加酒略浸）。加盖烧开，移小火锅焗五六分钟后，再端回旺火灶上收紧卤汁，用漏勺捞出大乌参，皮朝上平放在长盆里，锅里卤汁加味精，用水淀粉勾芡，同时边淋入葱油，边用铁勺搅拌，把葱油全部搅过卤汁后，撒入葱段，将卤汁浇在大乌参上即好。它的特点是色泽乌光发亮，软糯酥烂，汁浓醇香，口味鲜美。

田螺是用来"嗍"的

华贸有一家叫"八十八粉儿"的店，我去过几次。每次去，回来都要换衣服。店老板特会做生意，我很喜欢他，觉得他就是深夜食堂的主角儿，说话有点港台腔，细声细语，其实是柳州人。我从他身上看到我当年经理时的样子，不卑不亢、和蔼可亲、周到细致。

其实作为客人还是注重菜品。这家店做螺蛳粉，一碗粉很大，每次吃，都吃得满头大汗，这时老板总会悄默声的递上一杯柠檬水。我吃他家粉的时候，习惯用口巾纸一角塞在领口里，怕吃的热火朝天的时候，酸臭汤子溅一身。

总觉得在北京吃外地的味道不过瘾。

田螺虽小食，却可调大味。扬州夏天有名的狮子头要用河蚌，但也有农家用田螺一起烧。田螺的同门是蜗牛，在法国菜里那可是大菜，如"黄油焗蜗牛"。

这次终于赶在田螺最肥美的时候，和柏师去了一趟龙泉吃凤凰寨高山田螺。

景宁凤凰山凤垟村，在高山上。这是浙江腹地，大山里有一些农村的原貌。山顶上，我们走在层层梯田间。梯田都是大块石头垒起来的堤。从下面走，堤在头上。人往下看，脚下又是田埂。田里黑乎乎的水清。水里颜色更深的一颗颗便是田螺。说田螺一定是在稻田里，荒田里的螺不肥。田里的水也是泉水，这田也是冷水田。这的田螺叫高山明珠，壳薄如纸，透明。

我们在一老乡家吃田螺。这田螺已经养了两天，吐净了泥。

我记录了做英川田螺的过程。先在铁锅中加水，加火煮。滚个七八分钟，锅的水都成了奶白色。螺捞出后，水要留着备烧螺时用。

铁锅再烧热，放菜籽油、猪油，炒生姜、蒜头，爆香；倒入煮后的田螺，翻炒；放辣椒。倒入将近三分之二奶白色的水后，盖上锅盖闷煮约五分钟。调陈年红酒糟，加入酒糟后，撒紫苏。说金华地区放薄荷。

再将倒剩下的那些水加盖炖。田螺越来越鲜。过去老人说一粒田螺三碗汤，可见田螺的鲜都在这汤里。吃田螺要先喝汤。喝过汤，才是开始"嘬田螺"。

人说螺是用来"嘬"的。田螺放入嘴中，只需轻轻一吸，螺肉便会滑入嘴中。肉头非常 Q，有劲，香软香软的。螺肉和着汤入口那一瞬间，让人着魔。桌子上，都是"嘬""嘬"的声音。原来"嘬"田螺一定是和着汤汁，还必须是自己"嘬"出声。

在初夏的午后，有凉风吹过，看蔷薇高挂，最是好味道。

郭亮村的荆芥羊汤

　　早晨九点，天阴有云。这是个去旅游的好天气。我们租了一辆考斯特，从郑州奔新乡方向，看郭亮村的挂壁公路。

　　从车上往外，阴郁的天下，山青绿水湛蓝。赶快停车，路边野地里有盛开的紫槐花。还有大拇指大的紫叶李，也叫樱桃李，我摘下一个尝，苦涩苦涩的。这味道像是热恋的时候，女朋友跟了别人。

　　刚进沟口，被一小溪吸引。有水声，哗哗响，清澈亮堂。水善，人就亲水。见了这欢快的水，一行人也欢快起来，跑到水边摆姿势，城里人也没多大见识。溪旁有白花，花上落满晶莹剔透水珠。抬头看，山顶有雾缭绕。想，那是无限风光处。

　　徒步走了一段上行路，在山腰里洞中，隔二三十米是一个山窗。窗外又是千仞高山。

　　郭亮村已经不是我们想象的山村了。村子是一条商业街，街面一边是小商品商店，一边是两三层的饭店。

　　点好菜后，现杀鸡。屋里是煤气灶，呼呼的声和县城的餐馆一样响。

　　街里的饭馆不备着厨师。有了生意，临时打电话叫厨师。厨师开着车，飞一样地跑来了。

　　最好吃的还是大白馒头，老面肥发的面，暄暄的，有浓郁的面香。馒头很大，用刀切了三半。

　　最爱吃"荆芥"。荆芥是河南及周边地区特有的野菜。荆芥还有一个名字，叫"假苏"，我觉得这还真贴切。荆芥的味道就是有点像紫苏，有薄荷的清凉，也有罗勒味儿。

荆芥还有一个名字叫"猫薄荷"，就是猫喜欢的植物。猫闻了以后，像人吃了大麻，咪咪嚯嚯，萎靡的不成样子。不是所有猫都对猫薄荷有感，这和猫爹有关系，猫爹不喜欢，小猫也跟着不喜欢，遗传是主要影响。这倒是和人一样，喜欢的人嗜食如狂，不爱的人，连闻一下都不行。夏天倒是可以试试做个"荆芥马爹利圣培露"；兑一点雪碧也可，这看个人口味。反正很爽。

河南人一般用荆芥拌拍黄瓜，家家户户都这样吃，成为夏天的一道风味。

十年前我来郑州的时候，用荆芥炒过五花肉片，用葱姜蒜爆香，加一点辣椒，也可以放豆豉，烹醋，出锅放荆芥，极美味。可以就酒也可以下饭。荆芥有强烈的异香，可入药，清热解毒，还可去除腥膻味。

我用荆芥烧羊汤：羊是吃荆芥的小公羊，还要用盐、胡椒、香油略腌。我做煮羊汤先把羊肉块先煎炒，放水，大火煮；要放胡椒粒、青花椒、葱姜块；要开大火咕嘟，有个二十分钟就好；汤白肉嫩，喝汤，汤嫩鲜嫩鲜的；吃肉，肉华美华美的。喝上几碗，人特豪迈。

这次去郑州吃了郑州黄河大鲤鱼，我想要是用荆芥烧，可取"荆芥烧黄河大鲤鱼"名，郑州味道就出来了。

青梅初长成

我喜欢青梅，皆源于李清照的那首《点绛唇·蹴罢秋千》：

蹴罢秋千，起来慵整纤纤手。露浓花瘦，薄汗轻衣透。

见客入来，袜刬（chǎn）金钗溜。和羞走，倚门回首，却把
青梅嗅。

李清照少女初成，青春活泼，娇弱明丽。读词入景，少女在秋千上悠
荡，裙摆飞扬，薄衣轻透，香汗湿衣。有客来，急避回屋。词的最后一句
在我眼前永远的定格了，一脚屋里一脚屋外，倚门回首，却要看看青年模
样，娇羞俏皮，装作细细嗅闻青梅的样子。"却把青梅嗅"，是少女虽想
见却又不敢明见，借"嗅青梅"矫饰伪态，掩饰真情。"青梅"暗示少女
青涩。

以后见到梅子都会想到这首词，心中永远有一个细嗅青梅的少女模
样。青梅是初恋的味道，酸酸涩涩，懵懵懂懂，青青绿绿。看着亮眼，吃
了青涩，只能大口大口地吞口水。

青梅有青梅的好。青梅做青梅酱，有清香味，要比梅子熟了再煮味道
更丰富。

曾经研究用青梅酱配烤鸭吃，对青梅酱的制法更有心得。煮青梅酱用
舒可曼小粒黄冰糖 200 克、青梅 400 克就好。

第一步杀青，这个杀青可不是电影电视制作的杀青啊，是刚刚开始。
用 5% 的盐揉搓青梅，然后静置一小时，为的是更透彻去除梅子的酸涩。

然后冲泡去除盐酸涩味。

第二步煮梅子，开水一分钟，冲凉水，给梅子去皮。第三步就是用舒可曼小粒黄冰糖加水煮梅子，一边煮，一边不停翻搅，一是让梅子成糊状，二是不要糊了锅底。到粘稠时就可以了。

烤鸭一直用甜面酱大葱卷饼。换做梅子酱配吃，浓郁的烧烤味和酸甜的青梅酱，更是让人爱吃。

当然梅子酱配烧鹅烧鸭是它的天职，如此再延伸出来，还能做菜，烹调中可用来调制酸味菜肴，代表菜肴有梅子排骨、梅子蒸鱼卵豆腐、梅子甗（zèng）鹅、明炉梅子鸭等。青梅还可作汤羹的调味。还能直接抹面包，做饮品，真是可咸可甜，是果酱王者。

青梅做青梅酒，最动人心的是电影《海街日记》里，四姐妹每年初夏都会从庭院里五十五年的老梅树上，摘下青梅刻上字泡入酒中，藏在架空的地板里。她们日常由青梅酒所引起的话题，都承载着亲情的温暖与思念。

我还有两款好吃的梅子甜品：梅子饴糖、梅子牛轧糖，还可以梅子露加苏打水，清清爽爽的。

初夏有梅子真好。

"龙尾山房"陈沐的歙砚

5月11日那天，我发了"因思想不适，大董'一日一菜'暂时停笔100天"后，收到不少朋友关切，询问原因。其实无它，就是想抽时间看看书，写写字，再深耕。

写一日一菜，于我，有三个阶段：练笔、思考、深化。前近300篇，也就视为练笔吧。停笔的这二十天，也着实没闲着。

期间，收到了"龙尾山房"陈沐赠的歙砚，为宋制，深是喜欢，高古脱俗，线条挺拔流畅。我题为"山水皆心地，君子即庖厨"，由西泠印社施晓锋老师指导篆刻。此砚为歙砚老坑料，面有"石线"，背有"水波纹"，做了浆磨。陈沐说："现在唯一幸存的歙砚老坑的遗存是因为入宫御用不合乎标准和制砚残破的在土里重新挖掘出来，另外一部分是在溪坑里挖出，所以才有今天外面说的歙砚古坑料。"

分享是大美。我把这块砚台送予了起起老师，值得。

这些天，我写了四幅字：菱荇、清欢、常淡、如初。四词贯穿了我的半生，就踅摸着再请陈沐老师做四方砚台。

"菱荇"，出自唐王维《青溪·过青溪水作》，"漾漾泛菱荇，澄澄映葭苇。我心素已闲，清川澹如此"，是一种淡泊安宁的情愫。

"清欢"，出自宋苏东坡"人间有味是清欢"，是清旷、闲雅的审美趣味和"诗酒趁年华"的生活态度。

"常淡"，出自明洪应明《菜根谭》："酡（tuó）肥辛甘非真味，真味只是淡；神奇卓异非至人，至人只是常。"淡中有真味，淡中蕴真香。至简至淡，自是一种风雅。

"如初"，源于清·纳兰性德"人生若只如初见"。与人相处应当总像刚刚相识的时候，甜蜜、温馨、眷恋、深情和快乐。

　　拾笔，大董"一日一菜"明天起，天天见。

小
满

厦门酱油水

想来霞浦，拍晨起朝雾如莫奈的"日出"，或落霞融金。却错到了漳州。到哪里都好，随遇而安。到的时候，正赶上从小渔船上卸海鲜，有狗鲨、海鳗、小管，还有一些叫不出名字的。

海里搭建了一个木制餐厅，就在这里吃晚饭。

坐下，先上来一锅炒饭，猪油炒。有油渣、虾仁，鲜和香加上肚子饿，这饭就好吃了。

厦门的红瓤地瓜是红糖的味道。

狗鲨肉质胶肥，用当地的盐豆子炒，豆子像盐粒子，齁咸。一大盘子小花螺，浓重的地沟味道，没人吃，都剩下了。

有一盘白切老鸡，特别老。陪来的朋友说，在福建只吃老鸡，不吃嫩鸡。他媳妇是当地人，定亲的时候，他爹陪他去女方家。女方按当地习俗请吃鸡腿，每人一只鸡腿，他老爹牙不太好，一上午老头子一直在啃那个鸡腿。

最好吃的是"小黄花鱼酱油水"，是闽南的做法，我们连吃三盘。酱油水，也叫豆油水，闽南语酱油称豆油。酱油水是厦门本地烹饪小海鲜的家常做法。早起渔民出海捕捞，在船上没有太多调味品和烹饪技巧，就简单的把捕捞上来的鱼用水加酱油，直接把海鲜煮熟。

餐厅版本的酱油水就讲究了：把锅下点油，加姜、萝卜干、豆豉、干辣椒（因人口味而下）爆香，烹入酱油（厦门本地早期用海堤牌晾晒酱油，后来厨师们就改用功能性酱油），加水（或鱼汤），下糖，把鱼（虾、贝壳）放进酱油水里煮熟，适当收汁。出锅前，加入干葱头和葱油、青蒜等增香。厦门人每家每户都会做这道菜，做法大致相同。现在海鲜大都是养殖的，那天吃到的小黄鱼却很绵软，难得。小黄鱼像是两面拖了面粉略煎，有天津人吃鱼的手法。酱油水焖烧，简单但是鲜香嫩。

酱油水似北京的酱油汆，都是老百姓家常最简单吃法。不是当地人，却又搞不明白。吃的学问看书本只是其一，要弄懂其中滋味，还要迈开腿。

去年腌的雪里蕻你还记得吗

二十年前，我去龙泉做餐具。坐飞机到杭州，当年还没有高速，是国道，坑坑洼洼，到丽水时已经是下午四五点钟了。再坐小车进山，至龙泉已经是晚上八点。朋友盛情留下吃晚饭，还邀住在家里。睡觉前去厕所，是旱厕，茅坑连着猪圈。漆黑的晚上，我摸索着挪到垫在茅坑的两块木板上，颤颤巍巍的。下是黑不隆咚的坑，拉下去，扑腾扑腾的又溅回来。

不能住下了，连夜又赶回丽水。第二天要坐大巴车回杭州。车站老旧，小吃摊围在四周。循味去了一个卖吊炉烧饼的。炉子有一米二见高，炉口稍收起，炉壁上贴满了烧饼。一块钱一个，买了十个。色呈蟹壳黄，馅是雪菜配肉末，馅大，一大口下去，酥脆香软。雪菜特有的腌出来的鲜和肉末的香，使连日劳顿稍有慰藉。时至今日，这又烫又热又香的吊炉烧饼，在我舌尖上久旋不去。

雪里蕻广受南北百姓喜爱，是它与众不同的味道。深秋霜后的雪里蕻经过晾晒、揉洗，大盐粒子腌，咸鲜味甘，早没了最初形色，反却持有了不同寻常的滋味。

每年初夏时节，腌过的雪菜就要开始晾晒了。三蒸三晒，雪菜里的淀粉转化成糖。雪菜中还含有丰富的芥子油，所含蛋白质经过水解之后又能产生很多氨基酸。在蒸晒过程中，颜色不断褐变，直至黑红，味道也越发熟变。

晒干菜各地都有，像四川冬菜，用芥菜胆腌，历经两三年才充分成熟，冬菜在川菜里是烹味菜。在浙江、江西晒梅干菜，雪里蕻是其所用原料之一，去年收腌，来年梅雨天再晾，像发霉的陈物，是为乌干菜或霉干菜。梅干菜红烧肉是江南人年夜饭上离不开的角儿，堪称天作之合，干咸和肥美幻化多端，鲜美的肥肉融化在清香干菜上，滋出的油脂带着长久积藏的精鲜，使味蕾亢奋，多巴胺激增，让人欲罢不能。

雪菜腌制的时间以及用的盐粒，使各地的腌雪菜风味大不一样。暴腌的雪菜碧绿青翠，北京人用炸辣椒炝，当餐前小菜；前些日子，吃上海甬府的"雪菜大汤黄鱼"，算是上上品。先炖鱼骨，让汤肥香，再加腌雪菜，味儿又深邃了，鱼片出锅前现汆，成一锅好味。

腌菜有时间的沧桑味道。时间又是什么味道呢？腌菜知道。

上床萝卜下床姜

民谚有：冬吃萝卜夏吃姜。还有一句是：上床萝卜下床姜。说的都是姜的好。

两千多年前，我们的祖先从印度尼西亚把姜引种回来。从那时起，就有醋姜、酱姜、糟姜、盐姜、蜜煎姜等各种制用方法。古书也有其他食姜记载。

姜味辛，有散风寒、除壮热、治胀病功效。吃的时机要科学，"下床姜"正点明了吃姜要在早上起床后，利用姜的生发之机，生发胃气，加快血液流动。

川菜用姜广泛。生姜中含有挥发油，辛香味辣，正是四川人久已习惯的口味。做菜时，姜能起抑制异味、增鲜的作用。没有姜调味，川菜就缺乏和谐，失了灵魂。

广东人也善用姜，中山有道菜"姜焖鸭子"，和四川"仔姜炒鸭子"有着异曲同工之妙。广式糖水"姜撞奶"也是夏季好食之味。

用姜多的还有江苏菜。"水晶肴肉"是蘸姜汁食用。曹雪芹《螃蟹咏》写道"性防积冷定须姜"，所以我们吃大闸蟹时会跟着姜糖水。除外，苏菜有道别具风格的"梁溪脆鳝"，是将一条条脆鳝盘成塔状，顶上要挂着一撮姜丝才可。

姜与凉寒食物搭配，不伤脾胃。大董店里每年盛夏，为客人赠送的冻柿子会配上姜糖，这是讲究。像姜汁比目鱼就适逢夏天吃。日料中的寿司姜，除为更换食材重置味蕾，还因日料生鲜多，需姜祛寒。生活中有不少姑娘，惯用醋泡姜，每天早起吃上两三片，或喝姜茶、姜汤。"泉州姜母鸭"是有着药膳功效的滋补汤，鸭与姜性味互补，常作女性产后月子餐。

在中餐的烹调世界中，用姜入菜常见。但在西餐中，几乎触及不到。是没有姜种植吗？早在古罗马帝国时代，用姜丰富且受欢迎，罗马帝国没落后，姜就失了踪影。后有马可·波罗再次从中国把姜带回欧洲。

"姜饼"是西方人用姜最具代表的食物，在圣诞期间，人们会把"姜饼"做成各种形状装饰。姜，还被用于制作姜汁啤酒、姜汁汽水，出名的鸡尾酒"莫斯科骡子"正是用干姜汽水做辅料。其他我倒没见太多。

夏天吃姜好。

枣花

总是认为花都在春天开，其实一年四季都有花开。金秋十月桂花开。从小满开始，枣花才开。枣花的花期很长，沥沥拉拉要一个月。

枣花比桂花还要细小，小到用相机的放大功能也看不清。枣花明黄色，鼻子凑上去，能闻到一点点的枣子的香。满树的枣花，能联想到深秋时候满树挂着的枣。

吃枣的故事每人都有几个。我小时候住的工厂区和旁边的农家隔一条马路。秋天，农家院墙里的大枣垂挂着探出墙头。一群七八岁的孩子爬上墙头去摘枣，农家院里两条大狗，瞪着眼睛狂吠起来，一蹿一蹿的，把我们从三四米高的墙头上吓掉下来。大狗冲出院子，追得一群孩子撒丫子跑，兜里的枣子全跑丢了。心想，这家的大叔不是认识我们吗，为啥狗要不认得？

北京姚家园小枣有名，说是酸甜而脆，但已经没得寻。有一年有人说恢复姚家园小枣，秋天我特意去买，尝了不是那么回事，不知道是伪姚家园小枣，还是历史上的小枣就是这个味，总之不好吃，后来这个枣园也废弃了。

当年王光英先生来团结湖烤鸭店吃饭，饭后，说感谢服务员和厨师辛苦，把朋友送他的枣给大家吃。枣叫梨枣，第一次知道有像拳头一样大的枣。

最好吃的枣，是住东坝一个叫李国岩的哥们的，他家院子里种有香椿、枣树和柿子树。春天他给我送过香椿，秋天就去他家摘枣吃，他家的柿子也特别大。柿子熟的落一房顶，我上房摘柿子，就坐在房脊上吃，觉得屁股湿乎乎的，一看，坐在柿子上了。他家的枣有乒乓球大，是鸭蛋形，酸酸甜甜，味儿特别浓郁，脆的掉地下就碎了，现在的冬枣真没法和它比。后来东坝规划，他家院子的树都给伐掉了。

爱吃醉枣，还有中东椰枣，只是椰枣太甜了，不敢多吃。

鲁迅在北京的十多年时间里，印象最深的事儿，是他家后窗的枣树，他在文章《秋夜》里写道：在我的后园，可以看见墙外有两株树，一株是枣树，还有一株也是枣树。

从西边来的瓜

北京大兴庞各庄西瓜是中国国家地理标志产品。皮薄、瓤沙、甘甜多汁。

但凡现在国内食材，以西、番、胡、洋为名的，概为传入者。

现在西瓜已是寻常物。我小的时候，供销社卖西瓜，把西瓜切成一瓢一瓢的，五分钱一瓢，放在玻璃柜里。前两天，我溜大街，在小街西北角的水果店里，又看见这样展示西瓜的，像新鲜事物。

去年我做了一道西瓜菜，是道小品菜。将西瓜低温慢煮，西瓜瓤能切出薄薄的片，看起来像牛肉。每次我都得意洋洋地让客人猜，心里有一些小得意。

我和西瓜有缘。二十世纪八九十年代，中国烹饪行业特别时兴"食品雕刻"。雕龙、雕凤、雕花鸟，在一些大的宴会上，雕西瓜灯能壮气势。

西瓜灯是扬州餐饮业的传统手艺，有很长的历史。清乾隆年间，扬州厨师就将漆器、玉雕的纹雕、浮雕技术糅和在一起，雕西瓜灯作宴会点缀，风行一时。李斗《扬州画舫录》记载："……亦间取西瓜皮镂刻人物、花卉、虫鱼之戏，谓之西瓜灯。"

我为学西瓜灯的雕刻技艺，特向扬州师傅学习，还找到一些西瓜灯的雕刻图纸。扬州西瓜灯技艺很绝，雕刻的图案能相互缠绕，拉抻出来。这些图案难的不是雕刻本身，而是需要在大脑里有一个立体形状，要有丰富想象力。雕一个复杂的西瓜灯，要费时两三个小时，稍有不慎，就前功尽弃。

那时为学雕西瓜灯，师娘去西瓜摊上挑"黑蹦筋"，这种西瓜全黑，没花纹，皮特厚，还要挑生瓜蛋子。一买就买六七个，用小推车推回家。卖西瓜的心里纳闷。

第一次见潮汕人吃西瓜要蘸酱油，大为惊讶。当然在潮汕地区，杨梅、荔枝、芒果等也都会蘸酱油，有一切水果皆可蘸的阵势。

甘肃威武民勤县，吃西瓜更有特色，用西瓜泡馍。要打着吃瓜。打着，就是用指甲在西瓜拦腰处掐出一道印，一手拖瓜，一手对着指甲印"咚咚"两下，就掰开成两个瓜碗，再把民勤特有的烺（lǎng）干粮泡上，就是一顿"晌午"饭。

有一年我去新疆博尔塔拉蒙古自治州，州里的人带我开车沿着边境线走，中午在边防站的帐篷里，一口馕一口西瓜，特别好吃。

在新疆"早穿皮袄午穿纱，围着火炉吃西瓜"。就着落日烟霞，总觉得有一腔热血往上涌，脑子更会时空穿梭。

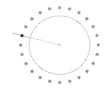

芒
种

芒种生腌蟹

蟹，一年四季都有。芒种到，该吃生腌蟹了。

蟹吃法多，"生腌"当属食蟹的味觉巅峰。腌蟹在宋朝盛极，从腌渍到入口只有洗手的功夫，故也被称"洗手蟹"。这种制作方法经过演绎，受宠至今。

浙江宁波，"咸枪蟹"属当地特有风味，膏满肉多的梭子蟹经浓盐水腌渍，蟹肉迅速凝固，吃起来弹牙紧致。不过味道齁咸，要就着粥吃，所谓"红膏枪蟹咸咪咪"。若把蟹舂成碎块状再腌，就是"蟹糊"了。大董店里有"蟹糊布丁"，是纯用当季公湖蟹的蟹膏蟹肉制成，金灿灿的，冻成小块，用透明的香槟冻把蟹糊冻包裹其中，搭配明黄色的三色堇和咸味的烤面包屑。盘中是不同层次的黄色，低温品尝，口感犹如冰淇淋。这算是家常"蟹糊"最华丽的变身了。

在福建，生腌蟹的方法颇有气势。将梭子蟹用白酒、盐、蒜蓉浸渍十来分钟，吃时喝口烧酒，有如悍妇霸夫。

生腌蟹在潮汕被称为"潮汕毒药"。潮汕人把蟹生腌，是为了激发蟹最原始味道，以豉油为底，加入葱姜蒜、辣椒、鱼露、芫荽、麻油等，按照一定比例调成腌料，将洗净的蟹放进去浸泡，少则半小时，多则一天，也可即腌即吃。我在张新民老师的"煮海"吃过"生腌冬蠘＋成隆行金蟹"，潮州人所谓冬蠘，就是冬天最肥美的梭子蟹，而对于在咸淡水交汇处生长的螃蟹才叫蟹。冰镇生腌后的蟹肉，膏体鲜红肥腴，蟹肉晶莹剔透，鲜甜嫩爽，只有滑和润。这滋味勾人。前些日子，张新民老师发图的"生腌小扁蟹"，又勾着我想为了生腌蟹专飞一趟汕头。

生腌蟹，各地做法迥异，有的温婉、有的生猛。腌制时间和方法也决定了被腌后的蟹是如少年俊逸，还是老气横秋。

辽宁盘锦，秋天在稻田里的河蟹会在冬天时被起出来，放入越冬池，上面冻冰，底下是水。捞时，冰面上凿开两个长方形的冰槽，将蟹网拉绳下到冰水里，把沉在水底泥中的河蟹拉起。河蟹一般的吃法是蒸，但在盘山县胡家镇，当地的百姓有一种特别的河蟹吃法——生卤冰蟹，流传了上百年。生卤冰蟹的关键在于卤汁调配，辣椒、八角、盐、蒜、姜和大料倒入酱油中进行调和，将洗刷干净的活蟹投入卤汁中，腌制三天。卤蟹外壳藏青，剥开后膏黑亮，像果冻般。盘锦生卤河蟹，是辽河流域最具有代表性的美食了。

生腌蟹不单在中国，韩国也做，叫"螃蟹酱"，像酱油螃蟹酱、辣椒螃蟹酱，都很美味，被奉为"米贼"。日本人做生腌蟹，是将扦子或刀尖插入活蟹的"裤裆"处，蟹还在抽搐的瞬间，一切两半，扔在腌渍水中，稍稍就可食用。

我吃过各种生腌蟹，觉得汕头生腌蟹的滋味最性感，入口如冰激凌般化开，这时候总会有些意淫。陈晓卿说，汕头是中国美食的孤岛，看来是中毒了。

段誉和拾久

我对数字无所谓在意与否。欧洲人忌讳十三，中国人忌讳四。中国做生意的人爱八。当然，在我心里，倒是愿意用六和九。六字就是顺，做生意如果顺了，必然发，再有九，就是兴旺发达。

段誉开了一家"拾久"的店，称新京菜。

新京菜是什么？新京菜对应的是传统京菜，传统京菜都老旧了。说北京菜，别提满汉全席，那是骗人的；也不要说卤煮、炒肝和豆汁儿，过去有些北京文化人炫耀这些，似乎成了北京美食的标签。但我却不愿意宣传它，甚至有跌面儿的感觉。今年在凤凰美食评奖的时候，我提名了"北京饭店的谭家菜"，说实话，我只是提个名而已，并不代表现在的谭家菜。谭家菜是官府菜，最辉煌的时候是二十世纪二十年代。谭璪青四姨太亲自上灶，吕宋黄大排翅烧得软烂香浓，蚝油窝麻鲍鱼粘牙如怡，草菇蒸鸡汁鲜肉嫩。现在的谭家菜，就剩下了一个"鸡油黄汤子"，吃多两口，腻口。

我很骄傲地向很多朋友推荐"烤肉季"，从三楼的窗户望出去，钟楼和鼓楼重叠着映入眼帘，灰色四合院掩映在稀疏绿树下，时时有鸽子飞过。烤肉用的是铁条炙子，武吃烤肉还是老味道，只是不欣赏"怀中抱月"，因为磕的鸽子蛋太老了。如果是生的或者半生的，可以让烤肉更滑润。怀中抱月是传统，现在的厨师估计也不知道，为啥要放个鸽子蛋在烤肉上面。北京菜一直停滞不前，几十年没有更新了。

有没有京菜都不重要，因为过去的京菜也不是北京原产的。北京菜来自全国四面八方，北京是全国的首都。现在都国际化了，北京的味道更博大了。

段誉的"拾久"是新京菜，有很多可圈可点之处，有新精神、新气象。大白兔奶糖样子的饽饽，山楂鹅肝，葱烧三头花胶，芫爆东海鲜鲍鱼。我问段誉，他最钟情的菜是什么，他说是"烧鱼头泡油条"。其实最能代表段誉新京菜思想的是最后的甜品"榅桲冰沙和百合"，雅致、时尚、大气，有国际顶尖大厨出品的范儿。榅桲是老北京人的念想。梁实秋在文章里写过，一个老汉得到一只梨子，吃了两口，突然冲出门去，冒着凛冽寒风，找个榅桲拌了梨丝吃，似乎解了心愿。

我吃段誉的百合榅桲冰沙，也解了心愿。北京是国际大都市，传统精粹只是它的标签之一，北京更重要的标签应该是国际化，是时时都在进步。进步应该体现在北京的生活气息里。

我心目中的北京是优雅的，传统的，品质的，大气的，有范的，国际化的。

出席活动着正装，不吃大蒜，多好。

成都的"廊桥"和"松云泽"

去成都自掏腰包吃了两顿饭。我喜欢自掏腰包吃饭，能吃出财主的心境：想吃好的，又不想花太多钱，是葛朗台心态。

我做厨师总是胡思乱想，不大安分。学徒的时候，学了炒菜又想学面案。看着烤鸭在烤炉里被火烤得滋滋冒油，想烤鸭的感觉。看陈晓卿《风味人间2》尼泊尔人泰克在米亚格迪千仞悬崖上采集岩蜜，想这是人文艺术情趣呢，还是生活本能的必须？我们通过镜头，看惊心动魄的画面，采集者当时的心境是什么呢？我非鱼鱼非我。我在桥上看风景，我不也是风景吗？

烹饪，除了煮熟食物，或者运用各种烹饪技巧将各种食材巧妙组合，在温度和调味作用下，呈现出让人兴奋的状态。《厨房里的人类学家》说烹饪是介于自然与文化之间的媒介，我又想厨艺专业的内部结构、餐饮趋势的变迁与社会意义。

我吃的成都两家餐厅，一个是"廊桥"，一个是"松云泽"。"廊桥"聘请了台湾名厨江振诚做设计总监，菜品里多了一些国际元素。"炭香鱼子叶儿粑"，叶儿粑浸在用喷枪烧出的金枪鱼油里，不说是吃不出来的。粑里面是腊肉，有浓郁的烟熏味道。这是廊桥必上的第一道菜，为啥必上呢？让成都人知道，这是江振诚创意的。菜品做得好，不如经理故事讲得精彩。这一餐里我倒是真心喜欢"鳄梨怪味牛肋排"，用安格斯牛肉，低温慢煮，浇上怪味酱，怪味酱是最复杂味型，麻辣鲜香酸咸甜俱全。再撒上炸的酥豌豆和鲜青豆，旁边搭配柠檬汁调味的牛油果。这些就是廊桥特色，烹国外食材的饪，用当地的味型。要说中国菜一点都不保守，这道菜里怕是 80% 都是舶来品。

第二家店"松云泽"相对老道一些。吃"松云泽"倒像是吃传说：现在的董事长为纪念其师爷张松云先生恩泽后人，故起名"松云泽"。张松云先生的师父是兰光鉴。清"正兴园"因故关门后，兰光鉴先生与原来的首席厨师戚乐斋等人合伙创办了"荣乐园"，于 1911 年正式开业。川菜馆在最初也不过是"揉八味儿""九大碗""参肚席"之类，变化不大。是社会环境为它提供了变化、发展的条件。荣乐园开到了美国，曾经轰动一时。

这次吃的几道菜都是张松云先生的拿手菜。"松云坛子肉"，煨了七八个小时，既有营养，脂肪过多的肥肉都沁出来了，更易入味。大肘子为主料，同菌菇、山珍、松茸、黑松露等用鸡汤和高汤炖，类似佛跳墙。

"鱼子酱鸡淖"是在干净菜板上铺上猪皮，为使鸡茸能吸收猪皮上淡淡油脂，又不会蘸上木屑。刀背砍茸，刀尖剔筋膜。炒制时只能用猪板油，成品"形如云朵舒卷，状如雪花堆积"。

在座的各位最推崇"苕菜狮子头"。大肉丸子裹了一层蛋清藕粉，使得肉更加糜软而香。这个手法第一次见。

还有一些菜，真像是在回味过去的故事。

两个餐厅，时间把他们的前世今生连在一起。

烹饪的滋味不只是食材和调配料的化学物理反应。加入空间这个调料，用时间去烧煮，烹饪的滋味就是人类的从前和今后。

海东妈妈做的凉面，让人心里热

凉面、冷面是夏天吃食。简单说有吃面条的地方，就有凉面吃。凉面又称冷淘，或过水面，新出锅的面条过冷水。沈宏非先生说，上海冷面，要经过电风扇吹，才算正宗。冷面燥热尽失，只留清爽，让人胃口大开。

槐叶冷淘是我国的一种传统凉食。《唐六典》有记载："太官令夏供槐叶冷淘。凡朝会燕飨，九品以上并供其膳食。"槐叶冷面以鲜嫩的槐叶汁和面，面条色泽青碧，看着就令人倍感清凉。面条煮熟后，要用凉水过上三遍才够劲道。浇以白糖、老抽、陈醋、芥末、辣油等调制而成的味汁，洒上些白芝麻和花生碎，可谓"香翻乳酒倾云液，油点槐淘泻玉盘"。

说凉面，离不开朝鲜冷面。在东大桥有一家平壤冷面馆，冷面里有狗肉。北京府右街的延吉冷面我去的最多。一般是用牛肉汤或鸡汤，佐以辣白菜、牛肉片、半个鸡蛋、黄瓜丝、苹果条、梨条等，带汤，面条细且韧，汤凉爽、酸辣适口。

老舍先生说：北京人的夏天，离不开芝麻酱。这指的就是麻酱凉面。北京人吃凉面要舂蒜汁。煮好的面过凉水，浇上醋和蒜汁，和一勺澥好的芝麻酱。黄瓜可切丝也有整根吃的，过瘾得很。

大董家也有做"牛油果凉面"，像传统的槐叶冷面。我也用槐树叶汁和面，煮熟，过冷水后，拌上牛油果泥，增加香气。再配上油泼辣子和麻酱调的汁。碧绿的颜色，看着就有胃口。

宁波人吃凉面，碱水面煮后，电风扇吹凉，面条爽滑不黏腻。木耳丝、熟鸡／肉丝、蛋皮丝、笋丝、香菇丝，还有韭菜和绿豆芽必不可少，还配有小白虾、牡蛎肉等，铺在面上。浇上几勺熟菜籽油，再淋上本地产的玫瑰米醋提鲜。

鸡丝凉面也许是历史最悠久的凉面之一。《东京梦华录》载，东京集市上有名为"丝鸡淘"的小吃，这是现在的鸡丝凉面吧。

说凉面必说四川凉面。要风扇吹凉，豆芽垫底，葱花、保宁陈醋、花椒油或藤椒油、辣油等调味，尤其那一大撮蒜蓉顶在凉面上，北京人吃，汗珠子从脑瓜顶咕咚咕咚冒出来，汗出透了，倒真是爽。

陕西的蓝田饸饹面用杠子把面压筋道。出锅后过冷水。用盐、陈醋、香油、蒜泥、油泼辣子、芥末调味。

凉面都离不开蒜，河南的凉面名字更直接：蒜面条。面条和青菜煮熟捞出，过凉水，浇上蒜汁调味。

我去过两次敦煌。对敦煌的浆水面印象深刻。浆水面是陕甘地区传统小吃，清热解暑，颜色通透、味道酸爽。制作浆水的方法很简单，用小缸或坛子，放在温度较高的锅台上。小缸内放入莲花菜或芹菜，之后，倒入不沾油渍的纯净面汤，需在30℃以上的高温中发酵三五日，其味变酸，就成浆水。陇上人吃浆水的花样很多，有陇东浆水、天水浆水、陇西浆水等，兰州人的浆水面是其中较为讲究的之一。后来回北京，我用这个方法做了一道"浆水乌鱼冷汤"，北京人感觉标新立异。

我吃过一次镌刻在心中的凉面。中国烹饪大师、世界青年名厨委员会主席王海东师傅，家住在平谷。有一年去他妈妈家吃饭，他老娘亲自做。一桌子饭，有十七天的乌鸡毛鸡蛋，贴饼子大葱蘸臭豆腐，熏鸡，院里菜园子摘的西红柿炒鸡子，麻酱茄子泥。最后吃凉面，澥了麻酱，舂了蒜泥，黄瓜现从院子里摘的。现擀面条，面条煮三开，从院子里的深井里打上一桶渣手的井水，面条在里面过了，凉得透心。

吃完饭，我在沙发上，望着天，久久没起来。心里又热起来。

人生有很多唯一，过去了就再也不能重来。

Nespresso 咖啡泡沫乌鱼蛋汤

鲁菜有一道烩乌鱼蛋汤，是米醋和胡椒加葱丝、芫荽、香油调制出来的，酸辣适口，开胃或者酒后喝上一口，再舒适不过了。

咖啡在西方国家是和茶一样受欢迎的饮品，芳香浓郁。一个是中国传统的汤，一个是西方典型的饮品，这两样味道能放在一起吗？

我的回答是：能。

这个故事是这样开始的：本来烩乌鱼蛋汤是用汤碗盛装的，有一次我异想天开，用了咖啡杯来盛。既然要装成咖啡喝的样子，那就应该有点泡沫。我就又在乌鱼蛋汤上，打了一点泡沫，看上去，就是一杯咖啡的样子。这样做就为好玩，让客人感到惊异，以为是一杯咖啡，喝到嘴里却是一口汤。这就是幼儿园小孩子的心境吧。

事情的转机出现了。雀巢咖啡公司旗下的高端品牌 Nespresso（胶囊咖啡）的老板找到我，说你既然把中国传统的汤做了一个咖啡样子，能不能真的把 Nespresso 咖啡加到你的汤里。这一说，我倒要好好琢磨了。真要把咖啡加到烩乌鱼蛋汤里，这需要考虑汤的味道，味道之间相互递进，最重要的是客人接受程度。这可是大难题。

想来想去，我觉得，第一它应该还是一款中式传统的汤，这个原则不能变，变得是让它使客人感到有情趣、惊奇、快乐。这样想，这款汤的设计就有了方案。

Nespresso 诞生于 1986 年，总部位于瑞士洛桑，是全世界率先生产胶囊咖啡和胶囊咖啡机的品牌。把新鲜烘焙的咖啡封存在铝制的胶囊里，用他们的咖啡机，一键轻触就可得出不同风味、花香、果香口味的高品质咖啡。

　　说实话，Nespresso 的胶囊咖啡解决了为做一点咖啡泡沫，要研磨咖啡煮咖啡的繁琐程序。如果说我做的泡沫乌鱼蛋汤，原来只是装装样子，现在有了 Nespresso 的胶囊咖啡，倒是很方便。用胶囊咖啡加奶和蛋清，做出咖啡泡沫，放在盛装咖啡杯里的乌鱼蛋汤上。不繁琐，简单易得。

　　Nespresso 的咖啡泡沫乌鱼蛋汤，是好玩也好喝。咖啡泡沫和汤的味道一点也不冲突。反倒是增加了乌鱼蛋汤的层次感。端起杯先闻到浓郁的咖啡香，再喝汤，还是传统的酸辣汤味道。

　　喝过的朋友点头说好，我也很得意。

酸辣味和乌鱼蛋

在《随园食单》海鲜单里，袁枚对乌鱼蛋有过这样的描述：

> 乌鱼蛋最鲜，最难服事。须河水滚透，撇沙去臊，再加鸡汤、蘑菇爆烂。龚云若司马家制之最精。

乌鱼蛋是乌贼的缠卵腺，用来分泌粘液使卵细胞固定下来，本身不含卵细胞，所以称之为"蛋"也是望形生义，而且真正食用的是其中的"乌鱼钱儿"，将其制成干货。烹调前发制而成，由于去腥过程非常复杂，又需要各种汤料煨制，所以这里只是一提，和我们想说的普通菜完全不在一个世界，只是说到费时费力费工，它也算一个罢了。

袁枚说的"龚云若司马家制之最精"，这最精是什么高度，现在已无从知道。但是从王义均师父教给我们的做法以及实践看，乌鱼蛋确是最难讨好。大饭庄子卖的乌鱼蛋都是用盐卤泡着的。所以，先要去掉咸涩味，这要反复用清水漂泡。乌鱼蛋像小鸡蛋那么大小，外面有一层筋膜，撕掉这筋膜，看见乌鱼蛋原来是一片一片紧紧贴在一起的。平时我们喝的乌鱼蛋汤里面的乌鱼蛋片儿，是要把贴在一起的片片儿揭开。这些片片儿很是娇嫩，揭开这些片片儿手法要轻柔，不可愣撕。揭开的乌鱼蛋片片儿再用清水漂洗，直到无味。漂洗过的乌鱼蛋片儿行话叫"乌鱼钱"，像铜钱一样大小，洁白的像羊脂玉。

烩乌鱼蛋汤要用清汤，清汤是大饭庄子做高档大菜的大料。所谓"唱戏的腔，厨师的汤"。一些干货原材料如海参、鱼肚、鲍鱼等食材，要是没有汤煨制，简直味如嚼蜡。

　　好像在中国各菜系里，只有鲁菜里面有乌鱼蛋这道菜。做乌鱼蛋以清汤烩制最佳。酸辣味道是一个系列味型，以米醋和白胡椒粉、盐、香油调出酸辣味道，并加芫荽、眉毛葱添味。醋与白胡椒的酸辣味道很微妙，醋多一点酸了，胡椒多一点辣了，只有不多不少，滋味才曼妙。这个味型有两个味，一是酸辣味儿，二是醋椒味儿。根据不同食材，酸辣的用量也有轻重，比如烩乌鱼蛋汤讲究要喝三口才能品出胡椒粉的辣，醋椒味儿则是一口见酸辣。另外，酸辣味儿用的是清汤，醋椒汤用的是奶汤。

　　酸辣乌鱼蛋汤，酸辣滋味轻柔，酸酸辣辣，越喝滋味越浓郁。可前菜开胃，可酒后醒神。

　　米醋和胡椒、香油组成的酸辣味已成为经典味型，似乎不可逾越。

黑松露烧鲜鲍鱼，用啥做配菜呢

用了两年时间，把鲜鲍鱼做得和干鲍鱼一样软绵了，这只是第一步。第二步是要做个味道给它。鲜鲍鱼用传统粤菜煲鲍鱼的方法煲好后，再用黑松露酱烧煨入味就好。

黑松露在法国、意大利、澳大利亚、中国都有出品。意大利菜里用的多，有一年我去阿尔巴白松露产区，当地烹饪学校招待吃午餐，说要做个白松露的大餐，我们一行人兴奋了一上午，就等着这顿饭。吃的沙拉烤的羊排都记不得了，只记得一人一盆玉米糊磕了一个生鸡蛋，然后一个大厨拿着白松露在盆里擦擦。

原来黑松露在意大利就像在中国云南说是"猪拱菌"，没太当回事。

黑松露酱烧鲜鲍鱼，有浓郁异香，配用焦糖烧的无花果和鲜樱桃。两年试做下来，客人都认可。只是我对配菜不甚满意，无花果的籽特别有口感，只是用焦糖烧了做配菜有点牵强。

这两天意大利厨师 Marino 在北京，我就和他说了想法，今儿下午他带了一些调配料来大董美食学院厨房做实验。简单说就是用意大利醋烧无花果。过程比较复杂，这里就省略了。

每天沉浸在研究美食的状态里，无法自拔。这两天北京的疫情又有了反复，我们对社会无以贡献，惭愧。

包子的性格

有朋友从深圳来北京，去吃了西四的包子，还喝了炒肝。他说，北京包子像北京人一样，有爷的范儿。说是皮厚，酱油味儿，服务员像大宅门里的丫头，见了人爱搭不理的。

这些日子隔三差五的没少吃包子。吃的是从外面买回来的，说是龙潭湖西门边上，"孔记炒肝"家的。这才是北京的好包子，包子面是用碱和面，老手艺，有面的香味。

各地都有包子，就像各地的人一样，有着不同性格。粤式叉烧包像广东人。外皮绵软轻盈，馅甜咸兼具、以甜为主。开口笑，露出叉烧浆汁，像不经意间露出的小心思。

四川广安人吃的是香葱小笼包。包子做法很有讲究，肉馅料好，拌肉馅只用当地的小香葱，不是北京的大葱，香葱味非常浓郁。蒸出来的味道不一般，很香很香的。四川人精明。他们嘲笑做了傻事的人叫"日龙包"，有点近似憨包、白痴的意思，但是更强调做事做得很傻的感觉。

汤包有几个地方卖。有开封汤包，靖江汤包，扬州汤包。在靖江吃过，吃的最多的是在扬州富春茶社。富春茶社几代厨师的汤包我都吃过，董德安大师的，徐永珍大师的。徐永珍大师还是全国劳模。在富春茶社吃汤包还有一套说法，这是周建强先生讲给我的。吃汤包要"轻轻提，慢慢移，先开窗，再喝汤"，轻轻提是把包了一面皮汤的包子从小笼里面提起来，小心翼翼地移挪到盘子里；包子放在盘子的一个边沿上，倾斜30度，让汤汁涌向一边，在这个边上，用舌尖顶着，再咬个小口，把汤汁吸出来。吮吸汤汁，鲜甜、烫热、过瘾，搭配醋和姜丝，这就是扬州人生活的细腻委婉。

有一年沈宏非先生还有杭州的美食家眉毛兄，我们几个人去吃杭州一户人家的杭州小笼包。杭州小笼包是死面的，汁水里面有点甜。那天吃着吃着就下起了雨，一行人赶紧躲在房檐下缩着身子躲雨，包子这时候软踏踏地趴在笼里。

上海有很多奇怪的事，肉包子叫肉馒头，菜包叫菜馒头，生煎叫生煎馒头。在江阴、宁波一带，管包子叫馒头，馒头叫包子。在北方，没馅的是馒头，有馅的是包子。真是拧巴。

安徽蚌埠人干起活来像炮弹，带着劲儿。蚌埠的包子也像"碳水"炮弹。水煎包里面除了有猪肉（或者牛肉），还有粉丝、油吱啦（猪油渣），有的还会有千张子。全是碳水。蚌埠人说早饭来上几个水煎包，一碗糁汤，一天带劲。

河南人也爱吃包子，馅料以粉条为主，可加肉馅，吃素的也可加韭菜鸡蛋木耳。

山东大包子一般是指白菜猪肉馅，排骨大包是山东龙口一带特色。选精肋骨和脊椎骨，剁小块。配菜可选大白菜、芸豆、蒜薹、香菇。北京开的山东静雅餐厅是酱肉丁馅，肉丁挺大，包子也挺大，就像山东人一样敦厚实在。

天津包子我觉得更有天津人的性格，是水打馅儿，水打的太多，肉都成了糜状，稀巴拉塌的，再用香油调馅儿，好像只剩下香油味儿，一个包子八块钱就显得不那么实在了。

再说这几天吃的龙潭湖西门北边的"孔记包子"，高筋粉，半发面，用前臀尖肉，八种调料，现包现放葱，薄皮大馅，肉嫩多汁，回味醇厚。我特意问了问北京面点泰斗王志强师傅，他说但凡这种小饭馆还都在用碱水和面。发面兑碱，碱水和面，中和面的酸味，有浓郁的面香，又不像酵母粉发出来的面那样泡，能使面有筋道，有嚼劲儿。

传统的包子都是发面兑碱的，碱在和面当中使用，往往是起酸碱中和作用的，又能起到面团有筋劲的作用，能兜住汤汁。

现在大多的工厂包子都用的是化学皮。原料组成是面、酵母、糖、泡打粉、水。发酵熟制后往往显得包子没有咬劲，比较蓬松，稍微发过了以后会觉得失水、干硬。传统包子的发面兑碱是个经验技术活，受天气、环境因素太多束缚，现在很多的是看气候环境温度，用一斤化学皮，加三分之一老肥兑些碱来制皮的。

北京峨眉酒家用宫保鸡丁包包子，特别北京，南北兼容，五味杂处，五味杂陈。孔记八块钱三个包子，皮薄馅大，像面皮包了个四喜丸子。可以喝喝小酒，聊聊国际大事，做北京爷真爽。

书皮肉饼

我是有吃肉饼经历的，对肉饼有感情。

毕业后干临时工，工地离朝阳门近，有一个回民餐厅，隔三差五去吃肉饼。这种肉饼没有层，就两层皮，中间大葱羊肉。后来在礼士胡同上学，去吃街口的门钉肉饼。门钉肉饼特别形象，就像王府大门上的门钉。觉得门钉肉饼的面皮太瓷实，不好吃。

我第一次对肉饼做法有认识是在同事家。同事叫刘建东，他爸妈会做肉饼，而且很讲究。有一次说去他家吃饭，他爸爸说给做肉饼吃。老爷子提前一天买好牛肉，用大目的绞肉机绞的肉。花椒水、酱油、姜末、香油，提前把馅煨上。第二天现吃，再加水打馅，放葱末。在家里吃肉饼，肉量大，但是，肉很暄腾。那天好像吃撑了，又吃了两片酵母片。

北京京东肉饼有名，前年去三河开会，随便去了一家肉饼店，三个人，有肉饼，还有三个菜，好像花了七十多元。香河肉饼，也出名，或者说受众面广，经常看见立着"香河肉饼"招牌的门脸，吃的人也很多。在香河家家户户都会做，分千层和普通的，特点是皮薄、肉厚、油汪汪的。据说，两百多年前，大厂回族自治县的夏垫镇，就有了牛肉馅饼，只是当时的名字叫肉火烧。

二十年前在同事家吃的肉饼像镌刻在心里，亲切清晰。这几年试着做肉饼，有牛肉馅和猪肉馅的两种。

我提了两个标准，一是肉要暄腾，二是皮要薄。皮要薄的像小时候上学，发了新书用挂历或牛皮纸包的书皮一样，而且一定要酥脆。做成这样的书皮肉饼，是有一定难度了。反反复复实验多少次，大致成功。肉饼就四层，真和一本厚书一样，嘴小的人怕是一口咬不下来。酥脆的面皮和暄腾的肉馅形成强烈的口感。吃书皮肉饼不要再吃别的菜，只吃肉饼。有人吃得停不下来，过瘾。

　　肉饼充满动物油脂的张力，面皮被饼铛煎得焦香，浓郁烟火气和淀粉的饱足感让人陶醉，觉得人生所有的理想不过如此。汪曾祺说人生不过一锅烟火气，这烟火气里有书皮肉饼味。

香茅，清雅凝神的味道

我第一次吃泰国冬阴功汤，就被汤里高扬清雅的柠檬柑橘香气所吸引。后得知这个味道来源于香茅草，在东南亚的菜色中多有使用，西贡特色香料也含香茅。在越南餐厅还吃到过用香茅芯串的烤牛肉，味道浓郁。

香茅是最常见的香草之一，因本身具有柠檬香气，又称"柠檬草"，原产于东南亚热带地区。不同品种香茅，用处则大不同，可用来炼制香精、调味料和香水等。烹饪中大多选用香茅茎叶，常用在汤品、菜肴、甜点中增香，新鲜香茅刮去外皮后，食用里面的茎髓部分，能整个使用。

东南亚料理香茅是必备的。

中国的香茅，主要生长于滇南及西双版纳地区。当地人多用在烤制类的菜品，比如烤鸡、烤鱼、烤排骨、烤牛羊肉等。烤制块状的食物时捆上香茅草，以锁住水分，香味也融进了食物里。用香茅草熬香料油，味更香浓，烹调异味比较重的荤菜时，加几滴能增加清香。香茅无论是作为蘸料、腌料，或入卤水，做出来的食物都没有违和感，每种料的独特味道争先恐后地涌出，又不夺彩。像法国鹅肝，用香茅能保留鹅肝原有的香，香茅草的柠檬香气又能起到点睛作用。

潮州卤水中，香茅草是功臣，起着辅助增香作用，其所含的香茅醛、香茅醇、香叶醇香气浓烈极易挥发，因其体积细小，在卤水中较之其他香料出香更快。最初东南亚与潮汕经贸颇多，这一味调料也就被引了过来，也算是潮菜西为中用的一个例证。

海南鸡饭里也有用香茅草。下南洋时期，当年的海南人把家乡风味带到了新加坡，融入当地香料，创造出了"海南鸡饭"。将鸡浸入香茅等香料调好的卤水里浸熟，过冰水。

香茅草形似野草，不过也算是比较有地位的野草了。古时候就经常被人用于缩酒，来祭祀天地祖先，那时候叫"包茅"。

我酷爱香茅，遂成了"酥不腻"小雏鸭香茅草味道 4.0 版本。香茅的柠檬香气去除了烤鸭鸭腥气，从吃法上化繁为简，不就葱和蒜泥，不吃鸭饼，成为招牌。

两吃打卤面

北京人爱吃面条，找个理由就吃上一顿。"上车饺子下车面""初一饺子初二面""冬至饺子夏至面"。

"两吃"是两次吃打卤面的意思。第一次疫情的时候吃了一次打卤面。这次疫情又来了，赶快再吃打卤面，祈祷疫情快点过去，百姓平安。

上班看见路旁有橙黄色花朵，花形像喇叭，花叶翠绿特别夏天。这花正是吃打卤面的黄花菜。

黄花菜，又称忘忧草，也叫萱草。不是所有忘忧草都能吃的。能吃的黄花菜的花朵比较瘦长，花瓣较窄，花色嫩黄。食用多为干制品，新鲜黄花菜含有少量秋水仙碱，需经过高温烹煮或炒制才能食用。

北京人吃黄花菜，多是打卤面时做卤料。过生日，最讲究吃碗打卤面，特别吉祥快乐。说到"卤"，一指卤水，卤鸡卤鸭卤鹅，再有就是浇在面条上勾上黏稠芡的汁。用"卤"佐面，吃面食的地方都有做，只是料不同，做法不一，叫法也有差异。北京人夏天做的多是茄子卤、西红柿鸡蛋卤、三鲜卤等。最家常的卤是用黄花菜、白肉片、口蘑、木耳、鸡蛋等勾过芡的卤。

打卤有讲究。肉最好用二刀肉放姜、葱、大料、料酒煮七成熟，也叫"煮白肉"。晾凉后切片儿，片儿要稍厚点。煮肉的汤留着，用以煮口蘑、木耳、黄花等。过去吃打卤面最讲究用口蘑调味。口蘑是卤的魂，没有口蘑打卤面就少了精气神。现在口蘑少了，只能用松榛蘑凑合。锅开，勾芡，再煮开，打鸡蛋。这样的肉汤加上口蘑汤，滋味最醇香。最后滋上一勺刚炸的花椒油，花椒油的香味特提味，更诱人食欲，满屋子的花椒油味，能让人觉得像饿了三天，肚子立刻咕咕叫。过水面浇上打好的卤，肉片肥硕，蘑菇有松香，又有黑色的木耳、黄色的黄花菜，卤汁颜色深红，明油亮芡，浓郁饱满。

《博物志》中记载："萱草，食之令人好欢乐，忘忧思，故曰忘忧草。"这两天心情起伏，但在这褙节儿上，又算平静。昨天收到赳赳和叶蓓送来的书，并留句：

> 赳赳：朱熹言唯有读书能变化气质，又言需半日读书半日静坐。
> 叶蓓：哪怕飞进了黑夜，哪怕迎来了寒冬，都拥有一片永远的天空。

酷暑天，吃打卤面，正好读书。

化悲痛为呵呵

第二次疫情又来了，北京真悲催。

听朋友讲"琥禄"老板因未获米其林星很郁闷。我倒对这店名感兴趣，以为"琥禄"是"葫芦"。昨天高热，步行到三里屯太古里，出大汗。太古里人迹稀少，广场空旷，显疫情压抑。到店里，服务员从容，适时递上一杯凉而不冰的柠檬水，一块凉毛巾，跟着又赠每人一杯气泡酒。喝罢，觉心里畅快。

下午时间，就吃个下午茶吧。

点了每种口味的舒芙蕾，牛奶巧克力的，热情果的，黑巧的，香橙甜酒的，松软香美。其中黑巧克力舒芙蕾，巧克力酱冒着热气缓缓倒入，有香醇味道。还有树莓果昔碗透着心的凉。"热情果奶冻"适合夏天，奶冻绵软冻感，鲜百香果果汁直接淋在上面，酸酸的，各是各的味。

这次疫情就好比喝酒，快散场了，全国各地开始点主食了，北京吮当又开一瓶，顺手就给全国各地倒满了，全国各地端着杯子，咋办？只能陪着领导干了。呵呵。

据说"呵呵"源自晚唐韦庄，但运用最娴熟的为顽童苏东坡。在《与陈季常》信中说："一枕无碍睡，辄亦得之耳，公无多奈我何，呵呵。"感谢朋友时也言："呵呵，酒极醇美，必是故人特遣下厅也。"在《与鲜于骏·其二》中写道："近却颇作小词，虽无柳七郎风味，亦自是一家，呵呵。"

在苏轼的呵呵里，难免有伤感，却也充满力量、旷达和趣味。

遇见疫情且呵呵，人生不过这几何。

人生苦旅，醋溜木须

南新仓东马路上有一清真饭馆，代卖牛羊肉。疫情期间溜街，在这里买了两次牛羊肉里脊，回来做"醋溜木须"。

"醋溜木须"是清真饭馆的菜。据说这道菜和马连良有关，一弄二去，把鸡蛋和牛羊里脊炒在一起了，用醋溜法子。别说这酸口的勾了芡汁的鸡蛋炒牛肉，还真是上口，尤其是在这炎热的夏天，菜里有点酸味，既清神醒脑，又开胃生津。

餐饮业里很多创新菜都和美食家有关。美食家最大的特点是见多识广，路行千里，嘴吃八方。不同地域风情，多样饮食味道。总觉得美食家笔下生铅华，腹中有灶香。江湖浊雨浇漓酒，炮烙炽炎燃炊烟。

美食家未必是好当的。大凡名头前面冠以"美"，人生旅途中，却有个"苦"字。这两天看新闻，宋庄街镇在重新规划，美术家工作室多有拆迁者。美术家聚集，宋庄成名。宋庄整治规划，美术家做鸟兽散，福兮祸兮。余秋雨作《文化苦旅》道尽个中滋味。

吃着醋溜木须，听旁边的姑娘们说着当年一群别校男生蹲在学校门口对着放学的漂亮女生吹口哨。还说大热天路边树荫下的小吃摊上吃一碗冰酒酿，酸酸凉凉的爽心。

人是娇弱的，岁数越大越发如此。总想过去悲苦事，是为人之将老。听姑娘们说叽叽喳喳的话，多好。

夏

至

天棚鱼缸石榴树，老爷肥狗胖丫头

临到夏至这几天，南新仓院里两棵石榴开花了，似火样嫣红。

北京可真有意思，既有着国际大都市的风范，又具市井生活情趣。说北京，不能不说四合院，打清代就有俗语：天棚鱼缸石榴树，老爷肥狗胖丫头。这是旧时京城殷实人家生活情境，也是只有在四合院才能看到的陈设。普通人家物件少了，但乐趣还有，"凉席板凳大槐树，奶奶孙子小姑姑。"这就像庄户人家"三十亩地一头牛，老婆孩子热炕头"，倒也其乐融融。

"人丁兴旺，狗大孩子胖"是哈尔滨人爱说的。在逢年过节，权作祝福话，家里人胖胖哒哒的喜庆。要是在过去，长一副瘦骨头架子，觉得困苦。

人们乐意借物以表达对美好生活祈愿。像北京人喜欢在院子里种石榴树，意为根深叶茂，日子红红火火，求人丁兴旺，多子多福。白石画作，多以石榴为题，谐意多子。

石榴原产中亚的波斯一带，最初是西汉张骞带回。几经栽培选育，已有上百品种，多以大红色为主。花萼较重，微微下垂，像是穿着石榴红色裙纱的曼妙姑娘，惹人爱怜。到后来，石榴裙就变成漂亮女生的代名词，男人对女性貌美的赞誉，便言"拜倒在石榴裙下"。

文人也多见有对石榴的描写，老舍在《四世同堂》中写到：院中的几盆石榴树上挂着的"小罐儿"已经都红了，老人的眼中看到那发光的红色，心中忽然一亮。

石榴花开，夏至夏半，老百姓的吃食倒变简单了。拍个黄瓜，麻酱茄泥，过水凉面，浓荫下扇着蒲扇，自在惬意。

果珍李柰、菜重芥姜（一）

最近习写毛笔字，看各名家字帖。其中赵孟頫、欧阳询、颜真卿等大家都有书写《千字文》。这倒补上了小时候缺憾的启蒙读物。《千字文》对仗工整，文采斐然，气贯长虹，完美呈现了汉字魅力。洋洋宇宙大观，无一字重复地浓缩在这易读易记之作。发现中句："果珍李柰、菜重芥姜"，是说水果中最珍贵的是李子和柰子，蔬菜却属芥菜、生姜重要。

李子，有赞其"潜实内结，风采外盈"，味道甘酸苦涩皆有。柰子属苹果种，也称"花红"或"沙果"。可依我看，李柰是特别平民化的水果，实在和珍贵沾不上边。

夏吃瓜果。卢橘杨梅西瓜樱桃梅子李子杏子桃，常有朋友送来各地名品。表姐和四川朋友送来了枇杷，苏州华永根大师更是递有枇杷名种"东山"；王文光兄弟的新疆白杏哈密瓜；熊丽及金星鸭场付场长的庞各庄西瓜；昌平学校段校长、烟台程伟华大师送了樱桃。段誉河南老家的朱砂红血桃；仙台的杨梅新荣记张勇总也送来了不少。还有蟹后方美雪的荔枝等，夏天水果可真太旺了。连我们工体店院里的桃，都长的脆甜有桃味。今早上，东海海都钟伟洪总送的荔枝也到了。

眼下，荔枝正当红。品种也多，像三月红、黑叶、妃子笑、桂味、白糖罂、白蜡、鸡嘴、淮枝、兰竹、马贵。成熟期有早晚，从三月能吃到九月。最有名的不说也罢，只论我认为的好荔枝。

好的荔枝，脂白油润，如和田玉般。刚才品尝钟总的荔枝，是"桂味"，种植于东莞水濂山，肉质爽脆，有桂花香。吃起来是滋味。"糯米滋"是蟹后送来的，是我今夏吃到的好荔枝，厚实多汁，核小，产在南山。她说，很多人只知道南山，不知道南山还有座山的名字叫南山。

对荔枝民间有流传不能多吃，易上火。在印度 Muzaffarpur（穆扎法尔布尔），每年 1–5 月会有儿童患“脑病”，头晕无力，甚至死亡。后来流行病研究人员侦查梳理，锁定了产生这些症状的“真凶”是降糖素，来源于没有熟透的荔枝。降糖素的代谢产物会不可逆地抑制糖异生，阻断了糖的供应，细胞将不得不开始消耗糖原，导致血糖降低到危险水平。所以，荔枝虽好吃，也别多吃，如人生不能大满。

想到这儿，罅隙中恍知李萘奉为果珍至宝，应是因味甘，性平凉，生津止渴。便突觉这平凡之物愈发可爱起来。

果珍李柰、菜重芥姜（二）

《千字文》中"菜重芥姜"，琢磨来琢磨去，"菜重"什么意思？是珍贵还是口味重呢？

一般认为，夏天要清淡利口，又觉得夏季气温高湿、食浅味薄，应吃一点口重的开胃之味，比如夏天吃麻酱面，不是光麻酱汁，定是吃麻酱汁的同时，佐食蒜汁。细想想"菜重芥姜"，是不是说姜和芥都属于重味菜呢？

"姜"，味辛，除可调味，亦能解毒祛湿。"芥"，怎么解释呢？一是芥菜，多有变种。二指小草，喻轻微纤细事物。

芥菜是大家族。吃叶子、吃秆儿、吃茎、吃根，还有专门吃芽的。像常吃的雪里蕻、儿菜、芥菜疙瘩，做涪陵榨菜的茎瘤芥，还有似散叶大白菜、可炒可烧可做馅、有芳芥味的芥（gài）菜，都属芥菜变种。若取芥菜籽磨末，即为黄芥末。大董店里的芥末鸭掌，跟的就是黄芥末。

我印象深刻的是，当年在天安门烤鸭店高级技师考核，中午见几位老师傅吃烤鸭，记得有郑秀生师傅、王文桥先生、孙大力师傅，还有杨志勤师傅。却是用芥末酱配烤鸭，不吃葱，也不吃蒜，把甜面酱里加点芥末酱，用饼卷着吃，或直接用烤鸭肉蘸食芥末。说是很提味，又增鲜香。我回来试吃，觉得这样吃烤鸭也是一种吃法，特别是在夏天吃芥末，辛辣上口，最得吃。

夏吃姜，还要吃芥。

小魏

小魏是大董的老员工，一干就是十几年。第一次见这姑娘，印象深刻。大眼睛忽闪忽闪的，像清晨朝露，很是明动。笑起来更自带光芒与活力。

小魏是河北塞罕坝人。淳朴、善良、能吃苦。不到一年时间，就成了传菜部门负责人。

一个女生管理三十多个男生，不大容易，这些男生干也能干，坏也能坏。那时小魏还没男朋友，这些男生光是说个半荤不黄的段子，就让你无法接话。小魏有一次被他们气哭了，哭的一塌糊涂，她是个明理人，别人都不知道用啥话去宽慰她，只能默默的陪她掉几滴眼泪。这时只见小魏突然一抹眼睛，擦干泪水，说了一句话："哭痛快了，使劲干。"这句话成了小魏的标签，也是这些年她坚持做下来，从一个员工到店总的心路历程。

去年秋时，小魏从家里给我带来两兜李子，酸酸甜甜，有黑醋栗的香气。前天父亲节，我在办公室写字，隔大老远就听到了小魏爽朗的笑声，带着自家的杏又来看我。杏是香白杏和水杏，香白杏多产自河北天津一带，果面底色黄白，阳面有鲜红霞，星星点点，很甜。水杏色黄如金，也很好吃。

一个从塞北来北京的农家孩子，嫁到北京，又有两个孩子，老公也听话，小日子不错。

给信远斋的酸梅汤打个气

我有一个朋友，是北京食品二厂的厂长，姓边，个不高。他们厂做信远斋酸梅汤。酸梅汤是北京特饮，属夏季清凉饮料，酸甜爽口，消暑解热，过去从农历芒种起能卖到处暑。

可口可乐 1927 年首次进入中国，那时叫"蝌蝌啃蜡"，名字古怪，味道也古怪，带着气的棕色液体，自然未获喜爱，后因美国大使馆的撤离也跟着撤出了中国。再进入中国时，就是 1978 年了，直到八十年代才慢慢打开了市场。

我第一次喝可乐，是和八姐，骑着自行车去东单办事，路上一人买了一瓶可乐，喝第一口时差点给吐了，觉得可难喝了，像药汤子，想着外国人怎么什么都能喝啊。后来国内陆续出现了各种可乐，像天府可乐、乐臣可乐、汾煌可乐、蓝剑可乐、少林可乐、九星可乐、粤冠可乐、银鹭可乐等。

再后来有段时间，我喝可乐上瘾，每天下班回家立马从冰箱拿出一罐可乐，咕噜咕噜灌下去，能感到可乐在肚子里乱窜。

喝可乐我想到了两个中国本土品牌，一个是北冰洋汽水，一个是信远斋的酸梅汤。

当年我办过两次笔会，印象特深的一次是在大山子"燕松餐厅"。那时我才二十啷当岁，有一哥们说认识大画家们。还真是，我们就邀来做了笔会。那次笔会都有谁呢？有董寿平先生、肖劳先生、黄均先生、谢德萍先生，还有齐良末先生。齐良末是齐白石老先生的儿子，因行末，取名良末。董寿平先生的"四尺墨竹"，到现在我都留着。那顿饭，在当时牛啊，上的有北冰洋汽水，再吃油焖大虾，喝北京燕京啤酒，啤酒不是瓶啤，是大罐子那种，在过去老百姓打啤酒，是用暖壶打，舀上来，盛大海碗里喝，特别过瘾。那时候，一顿饭就能做个笔会，在现在想来是不可能的事。

后来我就给老边说，怎么不给酸梅汤像可口可乐那样打上气呢？最早可口可乐也不过就是由药剂师调出来的，说有提神醒脑、减轻头疼的作用，其实就是又甜又苦的水里充入二氧化碳，喝着噎人。像北冰洋汽水，也是加了气好喝，不加就像喝橘子水一样。

如果信远斋酸梅汤这么好的东西，也打上气，直接卖到美国去，怕也是一样被疯狂追捧吧？我觉得是有可能的。打了气一喝，猛的一口，一声嗝，多洋气啊。

香槟让女生变女神

法国有意思。这意思是法国确实和"优雅、浪漫"有关，或者它的各种词汇到了中国，音译就被赋予了优雅浪漫之意。

好多年前我去巴黎郊外的印象画派始祖莫奈的花园，花园在巴黎以西 70 公里的吉维尼小镇上，你看这名字叫"吉维尼"。再离巴黎 60 公里的塞纳河左岸有路易七世的行宫，叫"枫丹白露"。再有东起巴黎协和广场西至星形广场的"香舍丽榭"大街，多有挎个包包都是"香奈儿"的人儿。

为了浸染西方艺术气息，世界各国的艺术家前仆后继的奔向法国，奔向巴黎。他们学习西方科学，也品赏西餐，喝"香槟"酒。

1935 年秋的一天，常书鸿在巴黎塞纳河畔一个旧书摊上，偶然看到由伯希和编辑的一部名为《敦煌图录》画册，大约 400 幅敦煌石窟和塑像照片，令他十分惊奇，方知在中国还存在这样一座艺术宝库在国外引起轰动，中国人却不知，他感到一种震撼。而后他放弃了学业，来到敦煌，建立了敦煌研究所。在巴黎，他的生活就是有艺术、优雅和香槟组合。

昨晚在大董美食学院，做起泡酒培训，让经理们感受起泡酒文化，提高生活品位。酒共九款，四款起泡、五款叫香槟。其中，特别让女生喜爱的是"巴黎之花"的"美丽时光"。

人说，"巴黎之花"是风情万种的代名词。可别说，"巴黎之花"真能营造这样的欢快氛围。

要说"巴黎之花"是一件艺术品，也确实。她拥有迷人的金黄色泽、充满活力的气泡。是一款特级干型香槟，20% 优质霞多丽、40% 黑皮诺与

40% 莫尼耶，口感优雅，有着感染情绪的力量。

说风情万种，《厨房的哲学家》这样描述：它起源于法国，在其他语言中没有相应的词汇，因此直到目前为止，国外那些对精神生活最为讲究的人们仍然经常要到巴黎这个世界之都来学习卖弄风情术的课程。

男生若对女生说，你真是一个香槟女孩儿，这是啥意思。就是爱美丽、有品味、浪漫、优雅。

要说和女生相配的饮品，我倒觉得还真是起泡酒，或是"香槟"。我认识一个女生，名字叫小美，娟秀纤柔，温文尔雅，她曾经给我做过一个品赏"董氏烧海参"的视频，到现在成为一个经典，让我、也让朋友们心心相念。

画面上小美纤白手中握着细细长长的香槟杯，浅色柠檬黄的酒液，清透纯净。香槟正是她的心心念。人儿、酒、食物，都是高贵、优雅、浪漫、稀有，无与伦比。

荷叶粥

这几天舒服，总有雨下，而且是午后的阵雨。想着杨万里的诗"接天莲叶无穷碧，映日荷花别样红"。端午前后，该看荷花了。

昨天午后，雨下得正急，但也就是一阵雨。北京的夏天，很少有连天数日不绝淫雨。沿后海北沿向西，宋庆龄故居东，挨着湖有一别院，叫"望海楼"，总厨叫马伟。我们去的时候，恰恰这阵雨过去了。云没有散，天半晴，甚是凉爽，这是难得的好天。

荷塘正茂盛，荷叶像一只只硕大的粉青斗笠碗，雨刚过，叶心上积了一洼雨水，随了风在荷叶心里晃荡。

荷叶葱茏，清爽着绿，有小叶含羞般卷着未开。说荷花白天花开，晚上闭合。这时正晌午，荷花花苞粉红面庞微垂着，犹如美人酡颜。我拍了几张躲在荷叶后半露的花蕾，样子像含羞的小姑娘。

说荷古人几近备述。周敦颐的《爱莲说》人尽皆知，我却颇爱李商隐的"惟有绿荷红菡萏，卷舒开合任天真"。一个"卷舒开合任天真"，人过中年，读了正好。

湖边摆了桌椅，马师傅随手做了几样点心，有荞麦凉面，嫩绿色的荷叶粥，豌豆黄，福建的笋子，甘肃的百合白芦笋，用芥末草莓做汁。还有莲蓬。荞麦凉面真是凉，在这炎热的午时吃上一碗，去了人的燥气。这碗荷叶粥甚是雅。荷叶粥正当时，清目，凉爽的沁心惬意。那几支莲蓬，刚有了莲子，含着浆水，正嫩呢。

金农在《荷塘忆旧图》中曾自题词一首："荷花开了，银塘悄悄。新凉早，碧翅蜻蜓多少？六六水窗通，扇底微风。记得那人同坐，纤手剥莲蓬。"这句子真美。我想着这句话，就着绿茶，慢慢剥着莲子吃。脱壳儿而出的莲子白嫩脆甜，一只一只地剥着，吃着，今年这熬人日子是不是也这样慢慢消磨过去？

夏天喝绿豆汤解暑

我上小学的时候，提倡学农，暑期会去农村拾麦穗。每人戴个大草帽，排着队，唱着歌，兴高采烈的。

拾麦穗，不是苦力活，也不轻省。头顶着毒辣太阳，田地里蒸腾着湿气，像在蒸笼里一样。不过，也有盼头，就是休息时能喝上一碗绿豆汤。每当有农民大叔挑着大水桶来到地头，就是休息时候到了。大叔用舀子给大家舀绿豆汤，绿豆没几粒，倒是翻腾着些绿豆皮，不见绿豆沙。能喝一碗这样的绿豆汤也是清凉畅快，有滋味。

曾在苏州街头看见过卖绿豆汤的，是用绿豆和糯米蒸好冲冰水，加一些糖，也有青红丝的。苏州的绿豆汤有嚼劲，南北的绿豆汤就有了区别。

绿豆汤是最简单的防暑饮品。小暑节气饮食，古人讲究着呢。大致概括为：三花三叶三豆三瓜。

三花是指金银花、菊花和百合花；三叶是指荷叶、淡竹叶和薄荷叶。三花三叶适合冲泡成茶，是消暑佳品。三豆是指绿豆、赤小豆和黑豆，不仅清热除暑、健脾利湿，还能祛痘除痱子。三瓜是指西瓜、苦瓜和冬瓜。

三豆饮的方子出自宋代医学著作《朱氏集验方》。三豆饮微甜而清爽，既是糖水，也是味道超好的药茶。三豆饮解盛暑之毒，还能祛痘、除痱子，小孩子也可以放心喝。

还可根据自身情况加配料：爱出虚汗，加麦仁；心火旺，加带芯莲子；脾胃虚寒、易腹泻，加大枣生姜；心血虚，加龙眼肉。

乌梅三豆饮是在三豆饮的基础上加了一味乌梅，喝起来像是一杯酸梅汤，总是让人感觉带着古老的味道，味浓而酽，甜酸适度。

糟粕

小暑日近，高温郁结。那天吃荞麦凉粉，酸辣清凉，倒是爽快。

做粉，大都是米面豆之精华，精细润滑。宁波汤圆之粉，或为细之极致，煮熟的汤圆，近似膏脂，软润如冻。

精华是要赞美的。精华的反面为糟粕。糟粕是要遗弃的。在吃食里倒是有几样本为糟粕，却被人们再巧食，成为经典。

就说"糟"，本是指酿酒剩下的渣滓。农村大致再拌以麸糠等做牲畜饲料。饭馆不知道从啥时候开始，却用酒糟造出了菜，各地还都有名菜。如福建菜里的红糟，上海菜的糟货，山东菜里的糟味儿。山东菜里糟运用的很多，有糟熘、糟蒸、糟烩、糟煎、糟卤。名菜有糟熘鱼片，尤其是糟熘鳎目鱼，糟香浓郁、鱼片软嫩，是为"糟粕"正名的力证。还有一味，非糟不可，就是"糟烩鸭四宝"。这四宝，是鸭身上四个弃置不用的内脏——鸭肠、鸭胰、鸭肝、鸭胗，这些用糟烩了，倒是真奇妙，滋味反而绵长隽永起来。

这么多年上海菜越变越洋气。糟货也越来越纯正，夏天有一盆糟味儿，可以配个起泡酒，慢慢咂摸滋味。

说"糟粕"，一定要说北京的麻豆腐和豆汁儿。麻豆腐和豆汁儿都是做绿豆淀粉的下脚料。豆汁儿成了老北京人的标签，人们从中喝出了乐趣和讲究。

豆汁儿经过发酵，可以生着直接喝，啥也不就。熟豆汁儿呢，熬是手艺，熬不好汤水分开，稀稀拉拉的不挂碗。喝时有讲究，必须趁热吸溜吸溜地喝，就着切得极细的辣咸菜丝和焦圈，喝到满头大汗。也有人喝不惯，觉得像喝泔水，透着酸腐味。喜欢喝的又觉酸中带甜。怎么说，这都是用所谓"糟粕"的下脚料做出的美味，真是不寻常了。

要说全民唾弃的糟粕，还真有。像从北宋开始延续千年的"裹小脚"。一块裹脚布，生生把妙龄少女的玉足，裹得脚趾骨骨折弯曲，脱臼化脓，肉烂腐臭。裹了的脚，走路时前脚掌无法用力，只能用后脚跟和大腿力量，迫使走出"摇风摆柳"姿态。封建社会人性的扭曲从裹脚布里印证出来，真是太糟粕了。好在遗风陋习被批判推翻，对裹脚女生"钗袜步香阶，手提金缕鞋"的赞美也变成了"懒婆娘的裹脚布，又臭又长"的调侃。看来，一种文化，不管在某一时期发展得多么辉煌灿烂，如抱残守缺，必会销声匿迹。

事事物物，反反正正，说不清的对错。你为糟粕我为精妙。人生难得这样明白，挺好。

莲心，怜心

少时，最先读关于"莲"的词是辛弃疾的《清平乐·村居》："茅檐低小，溪上青青草。醉里吴音相媚好，白发谁家翁媪。大儿锄豆溪东，中儿正织鸡笼，最喜小儿无赖，溪头卧剥莲蓬。"老师特别强调，"最喜小儿无赖"句中的"赖"字，写得最妙，这里的赖是俏皮意。《村居》一派恬适静好的田园景像。

在学徒的时候，师父教做莲子的菜，如八宝饭、冰糖莲子、百合莲子粥，特别强调，把莲子芯捅去，因为莲子芯是苦的。

青年时读南北朝佚名《西洲曲》："低头弄莲子，莲子清如水。"有了新的心境。

少女采莲，忽然被莲子勾引起心事，低下头去，玩弄碧绿如水的莲子，沉醉在爱情的幻想中。"莲"谐"怜"，音"怜"有爱的意思。莲子碧绿如水，憧憬爱情纯洁。

没有心，"怜"子就没有情，莲子所有的美好都在芯里，芯的苦，就在经营，经营什么？经营它的甜。原来苦和甜是对比的。没了苦，哪里有甜呢？

成为大厨后，我教徒弟就不让再捅去莲心。要在甜水中有一丝丝的苦，这苦要若隐若现，甜中有些苦，使得甜滋味更隽永，更有意味。

这些天有从湖北来的莲子，浑圆如珠。我特意捅出莲芯，嫩绿色，芯芽稚幼。顿觉在逼仄的空间里，却蕴含着伟大的生命力量，这是莲的内核，就这点绿，却幻化出了"接天莲叶无穷碧"的开阔。特意尝尝，芯是苦的，发现这苦是一种清新的苦，苦得有一些温暖，仿佛这苦是一种力量，在和天地间的一切难厄做博弈。尝了莲心，再尝莲子，更觉莲子真清新，雅奇。

读莲荷的诗词，不同时间喜欢的词家不同。年青的时候喜欢杨万里的词，当然周敦颐的《爱莲说》更有人生指教。宋济颠道济禅师《无题》更适合现在心境："六十年来狼藉，东壁打到西壁。如今收拾归来，依旧水连天碧。"

凉粉

夏天为什么要吃凉粉呢？单听"凉粉"这名字，就落汗，消暑气爽。

徒弟孙艳经理是四川广安人。昨天来大董美食学院，给我做四川老家的豌豆凉粉。豌豆粉澥开，再烧水至80℃，把澥开的粉缓倒细搅。做凉粉，实际是淀粉糊化、冰镇冷却成Q弹凝胶状过程，吃来要颤巍。四川人吃凉粉，辣椒是灵魂。一碗油辣子香鲜红亮。还有烧椒酱：把朝天椒在热锅上炝糊，放入蒜臼加盐捣碎，入热菜籽油锅煎香，拌凉粉里，辣到吃两口就要哈口气，哈完气还想再吃，停不下来。我一下子吃了三碗。

我吃过四川冰粉，是加了红糖和葡萄干的，吃起来冰凉嫩滑，甜甜的，比果冻要柔爽。冰粉用假酸浆做才成。

还有一年这个时候去重庆，在《红岩》小说里写的歌乐山前的那条街，吃了绿豆凉粉。用漏勺现场漏。漏勺有几种眼，粗的、细的、宽的、窄的。我吃的是像筷子头似的，属于粗粉了。绿豆淀粉调成糊，稀稠合适，舀一舀子倒在漏勺上，粉糊像一条直线漏进锅里，一遇热水，就凝固成粉条。吃凉粉调料多，油辣子、麻椒、香菜、芝麻酱、蒜汁、葱花、薄荷叶、花生碎等二十多种，只见老板娘拿起小勺，欻（chuā）欻欻欻抓进碗里，粉条过冰水再捞进碗里。那么大的一碗粉挑起来吃，炎热的夏天，真是透着凉爽。像类似方法，陕西、甘肃一带也有做，只是漏勺换成带眼儿的瓦盆，叫凉粉鱼鱼。

各地不同的气候物产，做凉粉的原料也不一样，像鸡豆、大米、红薯、荞麦面、橡子、槟豆、土豆等，青岛海凉粉是用生长在海底礁石上的石花菜熬制的，广东信宜鲜凉粉的原材料就叫"凉粉草"。从颜色上说是

"南方白、广东黑、康定黄"。当然还有地方是绿色的。就连吃凉粉的浇头都不一样。一种食物到不同地方，自然会带着当地饮食特点和风俗。在潮汕，凉粉叫草粿。像现在新加坡、马来西亚的仙草粿，就是潮汕人带过去的。客家风味版的凉粉，叫仙人粄（bǎn）。山西人爱吃的凉粉叫碗托，是用荞麦糊在碗中凝结成冻，棕黄色，酸辣开胃又饱腹。

凉粉凉着吃，也能热着吃。热吃，像北方人炒焖子，红薯粉的，放在油锅上滋润着煎，煎到淡黄、透亮，面上都带着焦脆的嘎巴，香极了。可调蒜汁或芝麻酱吃。其它还有煎凉粉，做凉粉汤的，也有做臊子凉粉。

夏天，滞闷燥热，吃凉粉。民间的质朴味道，最能动心。

小强苏东坡

东坡很强大，铁粉无数，当然我也是其一。我一直在想，在我的文字里，可否只写或引用东坡的典。

东坡写了那么多美食，为什么美食味觉如此发达，原来东坡就是个"小强"。

如果说世界上，有两个小强，第一个是小强，第二个是东坡。小强强大是基因，东坡强大，是无奈恐惧后的味觉强势反抗。

东坡是个文人。文人的特点就是嘴硬。其实把东坡归为反对王安石变法的"元祐党人"，不真实。因为东坡并不是非要反对变法，他只是个反对派，就是不管谁当政，他都要反对。后来与他一同反对王安石变法的司马光掌权，废除新法，东坡照样反对。东坡的政论策论文字，不如他的情感文字朗朗上口，流传千古。描写兄弟之情的《水调歌头·明月几时有》，夫妻之情的《江城子·乙卯正月二十日夜记梦》，思古怀今的《念奴娇·赤壁怀古》，壮志雄心的《江城子·密州出猎》。

东坡得意的时候花天酒地，壮志凌云。失意的时候，就以美食慰藉心灵。美食文字最深刻的我觉得还是《猪肉颂》："慢著火，少著水，火候足时它自美。"

想想，这是烧猪肉的金匮宝典，为道近法。他首先提出要"少著水"：水多则味寡，味寡则失美。接着为"少著水"提出前提，就是"慢著火"，烧炖猪肉要长时间煨煮，水少有恐烧煮不透，味浅滋硬。用水越少，滋味越加雄浑通透大美，这是厨者追求的至境。其实达到如此，只一话就解了结，就是"慢著火"，嘎嘎嘎。

这话，东坡比我早说了一千年。

豆汁布丁

说豆汁儿，就会说到发酵。不止北京豆汁儿、麻豆腐，还有"王致和"臭豆腐，中国乃至世界各地都有各自特色的发酵食品。原来世界食物的发展进化史实则就是食物的发酵史。

有一年我去丹麦哥本哈根 Noma 餐厅，他家是那年世界餐厅评比第一名。在他家厨房里，堆放排列着各种罐子，做着各种海藻植物发酵实验。当时我想，何必费这样周折，做这些发酵实验，直接用世界各地的发酵味道，不是更有噱头吗？

豆汁儿是老北京人的标签。京剧有一出戏，名《金玉奴》，又叫《豆汁儿记》。如果说老北京人喝豆汁儿，是多年的生活习俗和口味传统，现今也有一帮子年轻人喜欢喝这一口儿和爱吃卤煮。尤其是女生，这真是有点意思。这些年轻男女未必是老北京，大多是这些年在北京工作生活，站稳了脚跟的外来人。能喝豆汁爱吃卤煮可以给自己贴上我是北京人的标签。

豆汁儿是北京的传统小吃，就连老北京人也不都喜欢。但能不能影响外来人口味，倒是和"融入"这两个字有些关联。陈晓卿前些日子送给我一本书《不生不熟——发酵食物的文明史》，其中引言有一句话，倒是把一个地区的食物和其他地区人的关系说得明白些："正因为如此，被吞吃入腹的食物才被赋予了意义，一种能使同一集体中的人们发生联系，让外来者融入其中的文化意义。"并说："在世界各地，这些食物都能引起人们身份的归属感。"

我能喝豆汁儿，但属于不热爱的那种，有可以喝一口，没有绝对想不起来。后海"望海楼"的马师傅是研究素菜的，这天给我做了一个豆汁凉粉：把豆汁儿加热再加入豆粉，放凉成型，冰镇。调味用罗勒酱加上油泼辣子，以传统之名，行"fashion"（流行）之事。简直神了。我这个对豆汁儿有一搭没一搭的北京人，大呼好吃，这真坐实了我是个北京人。

冰火两重天

第一次闻榴莲味,臭气浓得像是迎面打来一拳,避之不及。怎么形容这个味呢?一股子臭鸡蛋味,也有人说像"在臭气熏天的厕所里吃果冻"。

看着爱吃的人,说榴莲就像新交了个小鲜肉男友,无比快活的样子。我有心要尝尝。入口后,瞬时逆转,臭味幻化成如奶油样绵润甜香。真是奇怪,入嘴前一个味儿,入口一个味儿。

再后来,看植物探险家奥蒂斯·巴雷特曾形容榴莲散发的气味,像是包含腐烂洋葱、松脂、大蒜、林堡奶酪以及某种辛辣树脂成分。

榴莲的原产地是婆罗洲和苏门答腊。东南亚人都比较喜欢这股子臭味。新马人甚至特别爱吃一种腌过的榴莲,味道比新鲜榴莲还臭,叫tempoyak,是把榴莲果肉打成浆状,搅拌入盐和砂糖,放上几天,发酵出更怪异的酸臭味,用来拌饭。这倒有点像欧洲人好吃奶酪,伊努伊特人爱吃放臭的鲸鱼肉。真应了那句"此之蜜糖,彼之砒霜"。像榴莲,爱的人是真狂热,泰国民间有句俗谚:"榴莲上市,就是当了裤子也要尝尝。"厌的人呢,见了想躲八丈远。

用榴莲做甜品很多见,像榴莲班戟、榴莲千层、榴莲雪糕、榴莲焦糖炖蛋、榴莲披萨、榴莲酥、榴莲芝士等,还能做成榴莲寿司、榴莲青团和榴莲燕窝,怎么做都成。

这几年一到夏天,就烤榴莲吃。烤榴莲好吃,一定要寻找到少有水汽的,烤出来热腾腾的,有焦糖般的甘甜绵黏。热榴莲要和冰榴莲扛在一起吃,冷热交融,冰火两重天,那是雌雄同体的感受,真刺激。

女生有意思,不单爱吃榴莲,连布满坚硬的棕色棘刺的外壳都成了法宝,搓衣板不需要了,有事没事就给男朋友来一句:回家跪榴莲去。

混搭风的"曼玉"餐厅

每次出外，都要寻摸当地有名声的餐厅去尝尝。昨天去郑州，朋友说有一个叫"曼玉"的餐厅，特别火，那就去看看。

我们到了饭点去的，别说，真是人多，排队的人热热闹闹地等着。旁边有一个叫"轻井泽"的日餐，领位员眼睛直勾勾地望着这里。

菜上得很快，我按顺序说：蜂蜜厚多士（吐司面包掏心切块再放两个冰激凌球）、一碗米饭上面芝士焗肉末、黑椒腊肠意面、非一般酸菜鱼、开胃酸辣粉、沙爹肥牛粉丝煲、一个麻辣空间串串、小凉皮、腊肉焗有机菜花、切成小粒的烤羊排。这是一桌东西南北中。

过去做餐饮都讲究个招牌菜、主打菜什么的，比如"烤肉季"主打菜一定是烤肉，这家店真不知道以什么风味为主。说这家店以台湾风味为主，还有可能店主喜欢张曼玉，或是张曼玉参与投资吧，别说叫"曼玉"倒是让人有了一点猎奇心态。"曼玉"的"台式三杯鸡"还是不错，鸡滑肉嫩，这和台湾当年的"鹿港小镇"味道有些相像。

进入 2020 年，85 后、90 后成为消费主流群体，他们喜欢个性张扬，不随波逐流，甚至不太尊重传统，混搭是标签，可以说，只要抓住未来的心，就会得到未来的胃。

与此对应餐厅的经营现象，混搭的产品、口味、环境，一种叫作"混搭餐厅"走出了另一片天，今天体验的"曼玉"餐厅就是一个例子。中餐、牛排、甜点、茶水、火锅，不再严格遵守某一菜系，是混杂无章的搭配在一起，好吃好玩出奇是唯一的评判标准。好处是满足了消费者求新奇、求个性的用餐需求。

餐饮业这些年变化太快，完全市场化，经营者的打法各有一套。只要能招来客人，方法就是对的。猜不透、看不透也许就是一个打法。客人有一些猎奇，口味有一些新奇，就餐场景有一些体验，体验永远是餐饮业的主题。

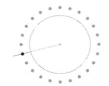

小
暑

荆芥做冰饮，洋气

郑州这两天，闷热无风，树耷拉着脑袋。郑州小大董店生意不错，刚近6点就有不少人等位，真是好气象。进了店，服务的姑娘递上一杯店内自制的"荆芥冰爽饮"，荆芥榨汁过滤，加冰和气泡水。我喝了大口，一股凉气如线般直窜上来，醒脑清神。

荆芥是很本土化的蔬菜，做成冰饮，洋味十足。味道非常矛盾，清凉、暗香、小心翼翼，又倔强泼辣。河南人夏天的餐桌，因荆芥活色生香。拌黄瓜、蒜面条，调皮蛋，都放荆芥，烧条鱼撒点荆芥叶亦是提味。宋苏颂《本草图经》说它"辛香可啖，人取多生菜"。这"人"就是指河南人。吃了多次，我也爱上荆芥了。

荆芥、薄荷、香菜、罗勒等，都是风格独特的蔬菜，有个性、张扬又内敛。像有的人一样，自身带着荆芥味道，如夏日有风的树林，静谧中蕴含着动荡，着实不俗。

福楼拜的《包法利夫人》中药剂师有说："荆芥俗名猫儿草，对猫科动物会产生强烈的春药作用。"想来，屋顶耸起了背慢条斯理走动着的猫崽，闻到了荆芥，估计是会疯掉的。

牛油果馓子

说馓子，是因为在做一个牛油果的手指餐，就是能拿着吃的小食。把牛油果切薄片，裹馓子吃。

牛油果已经有过各种吃法，可以做沙拉，可以做酱汁，还有一种好吃的做法是把牛油果炙烤后，洒上酱油吃。

牛油果确实像牛油，不但口感像，就连味道都像。吃牛油果显然要用和它味道相对冲的滋味配合。实验了无数次，用到了馓子。牛油果和馓子，风马牛不相及的两物，愣是生生的给撮合在一起。我倒是觉得，很和谐，软软的牛油果裹着酥脆的馓子，标新立异，奇妙有趣。

说到馓子，到现在我也不知道，它为啥叫"馓子"，查了各种资料，似乎都没有说明白。百度释义其又称捻具、寒具、环饼，是一种油炸食品，源于寒食节禁火，作此期间食物。曾见一文描写茶馓，我反觉得更形象：茶馓意为好茶点，沸水一泡就松散开来。

苏东坡徐州任职期间，居所附近正好有一家馓子店，爱买来吃，一来二去，跟馓子店的老板娘混熟了，老板娘便请苏东坡给馓子做广告，其中句便是："纤手搓来玉色匀，碧油煎出嫩黄深。"这倒是道出了馓子做法。

北京当年面点师比赛有个做馓子标准，是炸出的馓子一定要有密实均匀小气泡，称为珍珠馓子，这技术是和面时加了鸡蛋白，当然与和面、温度、发面都有关系。

馓子，全国都有，且品种繁多、风味各异。像蒙族羊油馓子，香甜口，掰碎放入奶茶中或和炒米一起吃，顶饿，牧民常做早点，或放牧时外带。衡水、徐州的馓子是蝴蝶形，纤细，入口即碎。济南人吃馓子，喜用马蹄烧饼夹着吃，或放甜沫、粥里泡着吃。淮南上窑馓子，个大条粗、更蓬松，可卷饼、泡牛肉汤、西红柿鸡蛋炒馓子等。四川也有馓子，吃豆花时会加。苏北的麻油馓子，细巧松脆，汪曾祺曾文形容风一吹能飘起来。

在北京，馓子更为根深。就连胡同都有命名，有麻花胡同，还有馓子胡同，馓子胡同在西单那儿，不过，现在改名东槐里胡同了。

"玲珑"剔透

1985 年 4 月 28 日团结湖烤鸭店开业,同年 10 月兆龙饭店开业。一晃,三十多年过去了,早已物是人非。前几年有朋友来,订在兆龙饭店,我去送他入住,看见前厅服务员趿拉着鞋,领带松垮带着,一副北京爷的稀松样儿。

前些日子从长虹桥过,看见兆龙饭店变了模样,还有一拨年轻人在排队。原来是 Harmay 话梅会员制美妆店,这家超市真是自带流量,在疫情期间大批爱美的年轻人相约打卡,排成了半公里长龙,兆龙饭店又成了网红新地标。

后来又听说有一个 Linglong 玲珑餐厅不错。这一段时间不断有人说起玲珑,原来也在兆龙饭店。啊,原来兆龙饭店焕然一新了。

昨晚就去了玲珑。在兆龙饭店三层。全新的设计,轻松自然,富有艺术感。

玲珑的主厨 Jason 是个台湾男生,带着眼镜文质彬彬,胳膊上刺青,时尚感十足。我对台湾厨师有好感,从当年的鹿港小镇,再到台中美女大厨陈岚舒,尤其是侨福芳草地黄建华大哥(当然他不是厨师,却是一个大美食家)。台湾厨师要比大陆厨师更具国际性,见识也多一些。

Jason 岁数不大,从厨也有十余年。而且爱旅行采风,也系统地了解了大陆大的菜系。这从他的菜式里能够看得出来。他的菜品里混搭了西餐、分子料理等创新技术,表达一个个中式的元素。这是很有意思的事。

Linglong 餐厅在兆龙饭店三楼,整个空间很有设计感,在透明椅子和餐具的映衬下仿佛走入了一个异度空间。同行的朋友说,这是北欧日本的性冷淡风，倒是那粉红渐变的色彩把冷字拉回了一半。

餐厅每一道菜上菜前都有一个餐牌介绍。服务人员上菜的时候也会配合餐牌平铺直叙地介绍每一道菜的构成、灵感还有食用方法。这样一个有小心机的服务，它可以免去服务生对菜品不熟悉的漏洞，把菜品的食材、烹饪、味道和呈现的艺术用文字美美地表述出来。这一点要大大地赞一下下。

比如，开胃小点"油条"，他们这样写：庶民的油条碰上高贵的白松露将门当户对抛诸脑后，此刻只需关注大胆与和谐的交响乐。

"猪皮冻"是这样写的：以中式卤汁调制成的肉冻让这原本血统纯正的法式经典添加了几分烟火气息。

我很关心菜品的烹饪方法和工艺，在"番茄啤酒"里他们写到：用番茄和话梅萃取出冷汤后浸泡带有泥土味的啤酒花，是一款专属东方的清爽自制啤酒。这样就能很清晰地明白他的制法，也吃得明白。

"猪五花酸白菜肉""卤水鸭""酸汤鱼"，哈哈，这些都是耳熟能详的大陆菜，却让一个台湾青年厨师做得朝气蓬勃。

我最喜欢"贵州酸汤马头鱼"。

野生马头鱼在烤箱中低温烤熟，再用油把鱼鳞淋得酥脆。配上酸汤与番茄丁，用木姜子油和柑橘做的泡沫味道十足。赞叹他把黔家古风与现代料理发挥得浑然天成。让一道平凡美食有了不平凡的表现。

我也喜欢用可颂酥皮冬瓜糖做的"潮派老婆饼"。

混血了法式可颂的中式老婆饼，两种不同口感的酥脆，浑然天成的绝妙滋味，可歌可"颂"。

还有，"核桃马卡龙核桃奶油霜"，坚果沙巴雍脆饼，一次"桃气"的变身，香脆依旧，精致更胜，看似天马行空的组合。没点儿见识是做不出来的。

北京餐饮市场似乎沉闷了许久，玲珑倒是一道新风样儿。在北京这古老的都市里，餐饮的每一次新意虽能一次一次地投出圈圈的涟漪，但传统的味道也太强悍了，新中餐总是显得有气无力。

这次玲珑我是看好了。

酸和醋

上海，雨下得真大。雨滴打在汽车挡风玻璃上，画出有如国画的点彩。雨刷又忙不迭地来回擦，忙得够呛。

夏天，天气闷湿，确实没胃口。传统上说秋吃酸夏吃苦，总觉得夏天倒是应该多吃点酸。玲珑大厨 Jason 那天做的贵州酸汤马头鱼，还有些意犹未尽。

甜咸酸辣苦，这五味，为啥酸味要在中间位置呢？想必是酸最能平衡味道。比如，甜和酸组合，咸和酸组合，酸和辣组合，没有酸怕是少了滋味的通透，或者是爽。酸应排在所有味道第一位。因为在所有味道里，酸出现的时间最早，据说有微生物始，就有了酸。酸有天然的，比如柠檬、指橙类的果酸，也有发酵的酸，那就太多了，不胜枚举。

我实则不喜欢酸，稍微酸一点就受不了。北方人吃饺子，大都喜欢蘸醋，我却从来不吃，别人问，就说喜欢吃原味。但是和酸一起调和的复合味，有几样我特别喜欢，比如糖醋味儿的鱼或肉片。

早年嗜吃糖醋肉片。糖醋肉片是用肥肉裹淀粉，炸得酥脆，再炒裹糖醋汁。糖醋汁是糖、米醋、盐葱姜调和的，有荔枝味道，大快朵颐。糖醋肉片是纯粹的油炸淀粉裹肥肉，再加上迷人的糖醋芳香，激发出的多巴胺比一般油炸食物多上十倍。吃糖醋肉片真是快乐。除此，我还爱喝醋椒鱼汤，米醋和胡椒是天生一对。糖醋结合像热恋情侣，醋椒味道是过了七年之痒的老夫妻，生活有滋有味，越品越上瘾。还有一味，是酸菜味道，酸而醇厚、滋味绵长。给朋友做酸菜牛肉面，或者自己喝，都觉得这滋味有一些沧桑。

不同年龄、地区、族群的人对酸的理解，完全不一样。男人女人也有差异，男女对于吃醋的相同之处，就是酸酸的感觉。话说吃苦能忍，吃醋不能忍。人生五味调和，酸甜苦辣咸，要刚刚好，才是幸福。醋和爱也是一对，如果连醋都不吃了，也就没有爱了。

冰心写过一篇小说《我们太太的客厅》讽刺林徽因。那时林徽因恰好由山西调查庙宇回到北平，带了一坛又陈又香的山西醋，立即叫人送给冰心。在这篇明显带有讽刺意味的小说发表之后，就少有两人交往的记载了。醋令五味调和，也让民国两位大才女因一坛醋而绝交。看来，醋要是吃大了，会闹出人命的。

意大利菜的神髓

这些年我没少往意大利跑，从位于地中海热带的西西里岛到水城威尼斯、时尚之都米兰、都灵、北部山区阿尔巴，艺术始终贯穿于意大利的生活中。

在艺术和美学上，意大利人具有得天独厚的优势：这里是文艺复兴的发源地，诞生了"三杰"——达芬奇、米开朗基罗和拉斐尔。文艺复兴冲破中世纪的黑暗，艺术与科技成为社会发展的主角。

拉斐尔以优雅的诗一般的绘画语言，体现了人文主义理想，他对美的孜孜不倦的追求对后世产生了巨大影响，他创立的美的样式，成为后来学院派古典主义标准。

更要提到的是，古希腊柏拉图、亚里士多德的哲学思想不仅为意大利也为世界开辟了一条精神解放的先河。

这些美学和精神思想，混合欧洲现代工业文明以及大西洋带给亚平宁半岛温热湿润的气候，催生了意大利人身体里的艺术气质。

有一年我去意大利北部的摩德纳，顺便参观玛莎拉蒂汽车博物馆，它的优美、雅致和精湛，整整占据我大脑一天的时间。

现代设计与时尚之都在米兰，乔布斯的苹果第一个体验店的设计灵感就来自佛罗伦萨，包括年轻人都喜欢的 iPhone 手机的设计，与兰博基尼设计中顶级艺术美学的体验有合作。

极简主义、慢生活、从食材到餐桌，各种出其不意的体验都来自这个国家……意大利是古典的也是当代的。

不论是美术还是哲学，精神层面上的修为综合奠定了意大利人深厚的艺术修养和价值取向。

那单从美食的角度，意大利是什么呢？

意大利食物天生为美而生，西西里的美丽传说，是真实存在的，玛莲娜之美我确信那是食物里散发出的白松露般的迷人气息；教父克里昂确如意式山羊奶酪，在意大利生活里无处不在，也隽永有味。

艺术与思想的活跃，使意大利美食具有丰富的层次和味道美感。也因为对美深厚的底蕴可以信手拈来的拿捏，影响了它对美食包括烹饪呈现的表达。

上海也有意大利美食，有家店发端于距离米兰不到 50 公里的贝加莫 Da Vittorio 本店——这间由 Vittorio 和 Bruna Cerea 夫妇在 1966 年创立的餐厅，背靠阿尔卑斯山脉，遥望南部的波河平原，在如画的风景里，美，是关于这间餐厅最常被提及的形容词。Da Vittorio 精于海鲜烹饪，深邃于食物里的艺术气息，使滋味和呈现具有优雅、浪漫的气质。它能在 2010 年登顶米三星，是不难理解的。

上海的这家 Da Vittorio Shanghai 意大利餐厅，又一次打破传统米其林餐厅的高级感，在一个优雅的米白色、奶油绿的空间里，有着明亮的 fine dining 环境。

餐厅的菜品设计不刻意，自然奔放，随手涂鸦，就像意大利的玛莲娜，浓郁又奔放。

我吃过的五条鱼

我吃过五条鱼。第一次在香港的"崩牙成",那是一个公寓楼的一户人家,逼仄矮小,只卖一桌饭,卖的却是大饭,有桂花炒翅、仔姜蒸鸡和蒸苏眉;第二条鱼是在黄建华大哥的香港阳明山庄;第三条在林自然家,第四条在张新民老师的"煮海";第五条是上海"菁禧荟"。当然,在这之前或之间,吃过多少次鱼,不知所数,只是这五条鱼都有故事可讲。

单从口感上说,每次吃鱼都能从一个新高度,再去认识中餐的"滋"。和西餐包括日餐厨师交流这么多年,觉得中西餐对"嫩"的理解迥异不同。中国人吃鱼,要吃嫩滑。沈宏非老师说,上海人吃鱼嫩为"飘",我琢磨什么是"飘"呢?如口含脂油,慢慢化掉。潮汕人讲究嫩如滑脂,苏浙人讲究嫩如琼膏,北京人吃鲜比不过沿海地区,但也讲究个鲜,比如说嫩,就说"像个豆腐样儿",总之,也是要嫩。外国人吃鱼大致就那几样,各种真鳕鱼,各种大比目鱼。鳕鱼真好,油脂丰盈,先低温再煎,有一种鲜腴的滋味。大比目鱼口感就没这样美妙了。总觉得大比目鱼像日耳曼或高加索人,特别粗壮,鱼肉干柴。即使中国人吃鱼吃边、吃头尾,边尾部饱含胶原蛋白和脂肪,给人的口感就是若含脂膏,灿烂滋曼。看外国厨师剔鱼,剔来剔去,把边尾都扔了,只留下一条胸脊肉,觉得不可思议,想说野蛮,不妥;想说粗糙,也不妥。因为在烹饪上,西餐在某些思想、理念、技巧、精细上堪比中餐,有过之而无不及。想想,也许他们看中国人贪吃鱼头鸡脚猪手鹅肠,也做同样想法。

菁禧荟老板阿杜的第五条鱼,在那天晚上,温文尔雅、不声不响地上桌了。一鱼入口,含浆华美,味绝媚妩。阿杜是个行家,知道这顿饭的分量。为这顿晚饭，直到头天夜里两点还在推敲菜单。这条鱼安然若素，明眸宁静。

　　阿杜的眼神更加泰然。

二大狗爷纵横笑谈从走西口到南北美食迁徙

"走西口"是山西自古流传下来的民歌，凄婉哀怨。我们中国人很早就进入了农耕时代，最大的特点就是守着自己的一亩三分地，日出而作，日落而息，靠天吃饭。

古人出行是极其不方便的，但山西人却唱着"走西口"从山西走到蒙古。从明朝中期开始一直到民国初期，约有数百万的人走出家乡来到蒙古生活，这段历史叫做"走西口"。"走西口""闯关东""蹚古道""拓北庭""填四川""下南洋"和"赴金山"，形成近代七股大的移民浪潮，大部分是以谋生为特点的迁徙。

"西口"是山西朔州通往蒙古高原的一道关隘，正式的名字叫做杀虎口，杀虎口在长城的西边，张家口在长城的东边，所以就习惯了把杀虎口叫做西口。历史上山西人"走西口"多从山西中部和北部起，形成两条线，一条向西，经杀虎口出关，进入蒙古草原，一条向东，过大同，经张家口出关进入蒙古。走西口，其实最根本原因在于当时北方地区田地贫瘠，自然灾害频仍。遇到荒年，百姓被迫离家走西口谋生。

另一个原因则是晋商的活动。山西人有经商习俗，除了守田耕作，脸朝黄土背朝天之外，男人十五六岁就要成家立业，谋求家庭甚至宗族强盛的责任。出外经商是男人成长必修的课程。

刚结婚的小两口也不例外，男人出外，女人留家照顾公婆持家守业，这时的男女刚刚开启新婚快乐的日子，社会习俗逼迫热爱的男女不得不分开。

高高的山梁哎

绿茵茵的草

这么好的地方，怎么留不住个你

清凌凌的水呀

黄澄澄的米

这么好的饭呀，怎么留不住个你

白花花的大腿呀

水灵灵的 x

这么好的姑娘，怎么留不住个你

从元朝开始，划分行省用了一个新"制度"，把以前的"山川行便"改为"犬牙交错"。就是不让依靠地理优势，避免凭借一山一川成就割据的地方势力。随后多次调整到今日，才划成目前的陕西、山西。

在文化意义上，陕北和中条山以北的山西更"相亲相爱"。比如太原人和延安人坐一起聊，亲密度比延安人和西安人、太原人和运城人可就火热多了。

山川相制约，已经划成这样了，其实还有几个区域，比如春哥（刘春，凤凰网高级副总裁）提到的"黄淮泛滥区"——鲁西南、皖北、苏北，这个地区的人民，在秩序、文明和道德上有点"佛系"，有时候也戏称"理想独特"。

安庆和徽州成了安徽，淮北"土"，徽州却是"雅"。从徽州跨越重重山岭到新安江、富春江，却是同一个区域文化。而一过富春江的分水岭风格又截然不同，到了想象中的江南，从杭州北向直到太湖鱼米乡。

闽北是一乡，闽南又是一乡。沿着海岸的广东和闽南有很多文化上的相同，而从汕尾到广府，文化又变了，中国就是这么奇妙。

山川相制约，最重要的就是要用地理隔开，不让文化相同。大河隔不开人，大山可以。

河是古代早就征服的。今天的乡间依旧有人游泳上身直立，这不是"运动泳姿"，可以叫"劳动泳姿"，先人扛着生产物资过河，不求快速但求安稳。我们祖先在过河这件事上，茫茫大河不是问题，但是翻越大山因为目标不明确，动力不足。

所以，分水岭比河更重要，山西陕西的分界是黄河不重要，黄河两侧饮食完全一样。

西北的甘肃，河西走廊吃什么，天水又吃什么？同样陕南人、陕北人、关中人饮食习惯又不相同。像内蒙饮食，有显著山陕特点，是因为内蒙住民原籍多为山西、陕西之故。再细说陕西饮食，陕南渔稻饮食文化与麦粟文化间重并华，爱吃浆水酸；陕北属塞外文化区，善粗粮细作；关中地区的油泼面、臊子面、biángbiáng 面、泡馍等占主要。整个河西走廊地区，农耕悠久，多种植大麦、小麦和玉米，饮食也多以面食为主，作为东西方交流贸易通道，饮食同时受到了不同民族和外来物种影响。

从美食上讲，食物是历史的记忆，也是人和人的链接。

陈晓卿老师只说食物不说美食，他说沈宏非老师提供一个价值观，就是别谈美食要谈食物。这是人类学的标准。

个人的生活习惯往往是历史的表相，非常神奇。比如二大狗爷（王振宇）山西人，今天燕鲍翅肚吃过后，最想吃的却是刀削面、剪刀面、莜面栲栳栳、面鱼等。这就是祖先留下的印记，也是历史的记忆吧。一如客家人，从中原南下后，完整地保留了中原语言与油重味浓、高热量、高蛋白的饮食习惯。

从整个地理、民族文化上，俯视地域特色，从西北的食物、岭南的食物、上海食物，到中原，再到客家。整条线串连起来，形成的美食文化也是人类历史文化。此谓大之。"大"不是吃一个大饭局，吃什么"大菜"，是大的文化格局。喜怒哀乐，嬉笑嗔骂，都贯穿在美食中。

跨界了的 Tiffany

对于年轻人，美食不是好吃那么简单。

我喜欢奥黛丽·赫本。记忆最深刻的是在电影《罗马假日》里穿着平底凉鞋被小报记者乔·布莱德带着疯玩了一整天罗马的安妮公主。影片里赫本坐在西班牙广场阶梯上吃冰激凌模样，成为经典。她与小报记者的桃花奇缘，恨不得也能遇到一次。

很多年前去罗马，我跑到广场边的阶梯上用意念"巧遇"安妮公主，只见楼梯上密密地站满了来自全世界的赫本粉，举着冰激淋拍照，追寻安妮公主那日行踪。

大多女孩和我不同的是，对于奥黛丽·赫本的记忆是从电影《蒂芙尼的早餐》开始的。在温柔烂漫的蒂芙尼蓝色橱窗前，穿着优雅黑色礼服的赫本，成就了上世纪最美好的时代。在蒂芙尼店里能享受一顿精致早餐，也成为了众多女孩的纯真梦想。

百年后，The Tiffany Blue Box Cafe 咖啡厅，使每个女孩的蒂芙尼梦照进现实。30000 块的珍珠项链买不起，300 元的 Cafe 还是可以喝的。坐落在上海、纽约、伦敦的 The Tiffany Blue Box Cafe 店，常常从清晨排队到傍晚。

美食是最好的流量入口。在购物中心里 80% 的顾客因购买食品进店。食品味美，服务专业，这些体验能让顾客在店里停留足够长的时间，以获得更多销售机会，大品牌已经意识到了这一点。如今来到奢侈品门店的消费者，只需花费不多的钱买杯咖啡吃块蛋糕，就可以体验奢侈服务。后再到相邻的 The Tiffany Blue Box Cafe 首饰专区逛一逛，很难有顾客会空手离开。

　　过去开餐厅讲究好吃，随着 95 后、00 后的崛起，好吃、好看，有艺术已平起平坐，这成了奢侈品跨界开餐饮的动机。利用美食向那些未来可能成为其消费者的年轻人传递品牌形象。比如 Tiffany 餐厅的经理向我们讲解她们的品牌设计理念，未来的规划都是希望可以发展一批对品牌感兴趣的粉丝。

　　店门口还放有专门为宝宝设计的 Baby 熊和存钱罐，因为 Tiffany 知道，时尚要从娃娃抓起！

　　美食与艺术，就像牛奶和面包，谁都不简单。

餐厅两类

隔了些日子，再来"一坐一忘"，还是那样新奇。户外路边，有大槐树浓荫，正好坐在房荫下，看人来人往。

服务员先倒了一杯木瓜水，酸酸凉凉，喝了一大口，清了暑气。还有薄荷柠檬爽，是淡绿色的，和酸木瓜水一黄一绿衬着。

餐厅分两类，一类是去过就不再去了，一类是去了还想去。

去了还想去的餐厅，无非三样好。首先要好吃。好吃很难定义，因为有"众口难调"这句金科玉律。但好吃要适口，和自己美食理念相近，"一坐一忘"的整个食物都具这般气质，夏天里有百香果酿的啤酒、各种菌菇、菌子凉面、大酥牛肉、鸡豆粉、云腿蒸芋头花、烤乳扇、草芽水豆豉等，这都是彩云之南的味道。

好餐厅更要有体验感。究其本质，好的体验是享受舒适、恬静和美好，这才统一起来。食物与环境，天青与白云，相互映衬。

体验感要有文化差异，给顾客制造"反差"惊喜，这与好吃适口的文化相近是不矛盾的。从人文角度说，心要近；从绘画角度说，景要远。中国泼墨写意画就是画远景。从文化角度上，你能够吸引他再去，文化只有远，才能促使人想去了解，心才能近。

"一坐一忘"让我想到"久在樊笼里"和"心远地自偏"。坐在这里，能满足你心神皆远的期望。人很容易满足的，一个街角，一树浓荫，一片绿色都能让你恍惚间，觉得自己像是在西双版纳，在丽江，在束河，在腾冲，又或是在西班牙的街角，在意大利的托斯卡纳。想像充满了浓郁的他乡情调，而这空间里的文化符号，又不是繁重的，带着轻松和闲适。这种文化向往就属于"远"，有切身体验，又有思绪体验。

人心里面总是有一种渴望，就是走远。小孩长大了会离家，人有了思想就要去旅行；见过世面又想回家，可当你走出去后，发现故乡回不去了。你从家乡来，从蹲茅坑，适应了坐马桶，再回去，发现蹲茅坑又拉不出来了。离家和思乡，是相对的、完整的，不可或缺的。二者组成了完整的诗意模式。想家，皆因在异乡做异客，无奈无助，无情炙烧有情心。

好餐厅所有的要素集中在一点上，就是性价比要高。顾客为体验付费，若体验高于付费，消费者觉得值，或者说超值，那就会再来。一如"一坐一忘"。

蘑菇记

经常会看到一组词"蘑菇菌蕈",很想把四者之间的关系,弄清楚,到现在也是稀里糊涂。

松露是菌?松茸是蘑还是菇?牛肝菌、黄牛肝菌、鸡枞菌、鸡油菌、干巴菌、珊瑚菌、茶树菇、松树蘑、口蘑,还有木耳、地衣。云南人统称它们为"菌子"。

这很像一个族群里的亲属,她二舅的弟妹的三姨夫之类。算了,不清楚就不清楚吧。

夏天一场雨过后,各种蘑菇一下子就钻出来了。草原上长蘑菇,山地里也长蘑菇。中国人爱吃蘑菇,外国人也喜欢吃蘑菇。蘑菇挺奇怪的,好像它的菌苞就在空气中飘着,只要潮湿闷热,蘑菇恨不得在空气中都能生长。

夏天是吃蘑菇的季节。

这些天,吃过不少餐厅的菌,"玲珑"的松露豆浆冰淇淋,"菁禧荟"的鸡油菌煨白花胶,鲜松茸焖忘不了鱼,真是鲜掉眉毛。蒂芙尼的黑松露烩饭,"一坐一忘"的傣味珊瑚菌、云南野生菌锅等。

很想吃江苏常熟的"蕈油面"。这道面是在美食书籍中看到的。"蕈"是什么,说是长在松树下一种蘑菇。春秋两季,阴郁潮润天气里松林中出蕈,称"松树蕈"。常熟人不叫采蕈,叫"捉蕈",一个"捉"字,活脱脱把蕈的灵性表达了出来。对于常熟人来说,吃上一碗蕈油面可能是最普通的日常生活,简直唾手可得,因为"十里青山半入城",山就在城市旁。

没吃过也没见过,蕈在我心中神神秘秘的。留一点神秘,就留下了美好。

蘭頌（一）

蘭頌餐厅在将台西路的盈享空间一层。有服务生微笑，随手势一瞥，门面简洁。进屋，更素明，也多了清——是我心中室雅的样子。

室内不大，七八张小桌，皆可二人对坐。餐厅白色，素洁到静谧。天花区曲线波澜，有风则飘逸，簌簌然，如水随势，轻波缥缈，唯美曼盈。屋里独缺一束兰，要不正应了那句"室雅何须大，花香不需多"。不过也好，无兰胜有兰。有兰有气象，无兰有意境。

整个餐厅光影变化：极简大气，又富有空间层次；明亮通透，又不失私密性。

主厨特意做了名为"白色餐盘"的头盘：白色鸡头米、白色百合、白色茴香根、白色马蹄、白色芝士、白色酸奶油。皆为白色。见之清爽莹心，尝之清香盈口。

这是第一道菜，一个"白"字和这素雅的艺术空间，能征服一切世俗的心。

白是高洁的，它远离的是尘世，为美而洁，为美而素，为美而清馨。"白色头盘"可谓是专为味蕾"清创"，清理味蕾的杂念，把我们嗜辣嗜咸嗜重的口味重新再造，缔造出轻盈世道。

这是一道如诗的菜，如美人倩目，清馨入心怀。菜品如诗的见过，但如此白玉般洁雅如诗，这当为第一。

蘭頌（二）

"蘭頌"是夫妻二人所做。小伙子王琨北京人，姑娘叶昕廊坊人。因为喜欢美食，在欧洲米其林餐厅系统学习了九年的西餐料理。

真正爱一行，自然是能全心思对待的。几年间，小两口也是日本、意大利、法国等各地到处吃，定目标地吃，一天吃三个米其林，做计划，掐时间，计算着怎样不耽误事地赶去下一家餐厅。

公务员做成服务员，科研跨界主厨，品味自然高了。开"蘭頌"，是去年七月，定位西式 fine dining 餐厅，有西餐传统，又有现代感的菜品设计。九年时间，真是能修成正果了。看他的菜，行云流水，不造作。这是那天品尝的菜单，和大家分享。

餐前小吃：

高汤煨鲍鱼配玉米荞麦脆片搭配香菜奶油汁

鹅肝慕斯配玉米荞麦脆片

主菜：

白色餐盘

烤小和牛里脊配日本兰皇蛋黄和自制黑蒜汁

现烤的"佐餐面包"

松露菌菇汤配鸡肉萨布雍

北海道扇贝、伊比利亚黑猪肉和紫苏，配烟熏酸奶油酱汁

多种蘑菇配发酵大麦泡沫和洋葱泥

煎鸽腿配法式烩饭

A5 松阪和牛西冷

甜品：

叶子柠檬冰沙配自制酸奶油泡沫

芝士奶油莓果慕斯配树莓雪芭

放浪形骸

一条街称为"簋",名副其实,将以美食为主的街道赋予了古代食器的文化内涵。簋街,集至深夜,沸腾像鬼市一样,若延叫"鬼街",倒也没觉不雅,只是市集习俗。

簋街的夜晚璀璨热闹,挤满了人。这里已是快意的北京宵夜的江湖,是这座城市的灵魂版图。

我曾请台湾的刘冠麟夫妇去过簋街吃小龙虾,袁姐、汤汤一起。那晚,我们喝了三瓶红酒没过瘾,又要了两瓶二锅头和不少啤酒。半场遇到有专门唱歌的,提着音响、拿着电吉它就来了,我们跟着一块唱,一首歌100块,十首歌1000块钱,最后又饶了我们两首。整个晚上,畅饮酣歌,特别轻松开怀,放浪形骸。

"放浪形骸"最早见于晋·王羲之《兰亭集序》:"或因寄所托,放浪形骸之外。"

东晋永和九年的暮春三月初三,时任右将军、会稽内使的王羲之,与谢安、孙绰等朋友及弟子42人,在山阴兰亭举行了一次雅集,行"修禊"之礼,曲水流觞,饮酒赋诗,并挥写一篇《兰亭集序》。王羲之大抵也不会想到,自己醉酒后的放浪形骸,竟成就了书法史上的绝响。

纵观魏晋名士尚酒,无论小杯的雍容文雅,还是水浒英雄式的豪饮,酒酣耳热之际,都是旷达疏放、不拘俗物的,当属别样风雅。

狂欢,不止是永和九年的那场醉。

二十世纪八十年代的英国精英们,在派对上豪饮、斗殴、跳舞、亲吻、调情、打架、八卦,纵情享乐,放浪形骸。其中,英国前首相大卫·卡梅隆就是活动常客。在这里，统治阶级、政治家、商业领袖、贵族、学者等都混在一起。摄影师戴维德·琼斯，把这个时期的照片集册为《最后的狂欢》，留下风华。

前天去 8 号温泉院内的"高吉湖小龙"店里吃饭，小龙虾温柔粗犷，酒也喝得酣畅淋漓，这是一场半年疫情压抑后的狂欢。酒喝到尽兴，人就变得异常真实，更奔放和洒脱，心也通透起来。

松露阶级

我相信食物是有阶级性。食物的阶级性显然是人类定义给它的。人类定义松露的阶级性唯一的原因在于松露的"稀缺"。

"稀缺"是经济学对"少有"的定义。

钻石是钻石商成功定义钻石稀缺且赋予它为爱情真谛的石头。"钻石恒久远，一颗永流传"成为真爱的象征。钻石衡量爱情价值的属性是价格，是它的金钱属性，爱情需要用金钱衡量的（虽然我们都不愿意承认这一点）。这很好理解，男女双方的情感基础，金钱是最好的保证。失去金钱等物质基础的爱情，是脆弱的，或存在危机的。是不是有例外，比如钱锺书和杨绛，杨绛眼中看到的钱锺书也是稀缺的，钱锺书学识的稀缺性是杨绛的价值钻石。

我一直认为爱情是要门当户对的。所谓门当户对，就是阶级婚姻。

另一对民国才子佳人，沈从文和张兆和在世人的眼里是天造地设的一对儿，名门闺秀出身的张兆和与寒门学子的沈从文在生活方式与价值观上存在很大的差异，一世夫妻换来张兆和坦诚地回答："我不理解他，真的不完全理解他。"其实在爱情上没有对错，追根结底归结为门不当户不对。白马王子和灰姑娘真正生活在一起会不会天长地久，这个问题，看似是爱情问题，实则是阶级问题。

松露的本质是菌，是人赋予它食材的珍稀和阶级价值。阶级属性是商品的经济属性之一。阶级属性和稀缺存在相互依存关系。稀缺是上流社会给自己制造的标签，这种标签又会生成从属性。从属性是一种社会需要、经济需要、社交需要。

人们赋予钻石爱情真谛,钻石充当这个了角色,我们就要认同这个角色,认可钻石所谓的爱情的传说。如果没有钻石,也会有另外一种物质去充当这个角色,不然这个爱太苍白。为什么黄金和白银不能取代钻石的地位呢?因为金银太苍白了,让爱情直接面对了金钱。爱情需要一种隐晦。

人们不希望爱情看起来是有铜臭的,要像钻石一般纯洁、圣洁。其实钻石并不纯洁,也不圣洁。从贸易和开采的角度讲都充满了血腥。

松露被誉为食物里的钻石。他是有阶级性的。其实它就是一块菌,而且它非常粗糙,不易于生长,也并非美味,很多人对他的味道并不是很喜欢。

松露是西餐中所谓的三大美食之一,成为至尊食材,标志着松露的阶级属性。

中国云南大量地生长这种菌。近些年大量出口到法国。法国人对中国松露出口很憎恨,因为中国松露稀释了当地的公共资金市场,扩大了松露阶级数量。法国松露价格大幅下降。稀缺就是保持他的稀有,保持难得珍贵。松露的属性就要保持符合稀缺性。这是也是富人阶级餐桌上的标签。

富人阶级的餐桌食物上的稀缺性,以及富人和权利阶层爱吃的食物成为社会大众憧憬的某种标准。松露作为特定稀缺的食材、昂贵的价格、当做艺术来烹饪,都使松露具有阶级特性。

从这点说明松露作为餐桌上的钻石是人赋予的概念,他并不是自己天生带来的。比如说吃了松露能抗癌,吃了能思想敏锐,吃了以后就能富有。

松露是一个载体,这个载体是烹饪大师以及社会各阶级对它的一个期望。人需要精神神话,这些精神神话必须有物质去做表达,松露就是烹饪大师再包装成的一个神圣餐桌上的钻石。

烹饪艺术是通过一种专门的技与术表达食物本质的语言,用以放大、夸张它的本质。大厨对松露的价值更在于发现和对它的赋能。对松露的烹饪，是主厨、大厨的技艺价值赋予松露稀缺性，又将大厨几十年的见识、经验、技艺、知识融炼的美赋予在片片松露中。这些价值浓缩在一片片松露之上，只看到松露而忽略大厨的才识，真可以说"一片障目"，只知有汉不知魏晋。

我赞赏松露，本是粗砾、糙梗的，却逆境上位，成傲世凌人的食材霸主。虽朴实无华，却为金龟钓婿。我更赞美发现松露之美之人。想当年第一个吃松露的人，堪比第一个吃螃蟹的人。螃蟹虽张牙舞爪，味道为鲜耳。松露其貌不扬，其味秽异，这需要第一个以至后来者，需要足够大的勇气，去赞美它，让世俗者跟随他响应他。

大厨要竭尽所能找出与松露相配的味道，尽显松露的奇异。从现在看，对松露的烹饪，全世界的大厨只做了一个动作，就是把松露削片，削得越薄越好。且越是大厨，削在你碗里的片越少。削的片越少，阶级差异越大。

我是我的狗

　　大暑最热的一天去草场地三影堂艺术中心看摄影展"写真黄金一代"，是当代日本影响最深远的五位摄影大师：荒木经惟、森山大道、深濑昌久、石内都、细江英公的作品。

　　五位大师的作品我观瞻最细的是森田大道，其中代表作《犬的记忆》触动了我的心弦。那一只狗，眼中露出充满恶意的眼神，它看起来已经很衰老了，并且有些残疾，好像一只饱经沧桑和摧残的人在回望着一个荒诞的世界。粗糙的颗粒感，高反差的黑白，喷薄出了森山大道独有的激情，把他的不安情绪表现得淋漓尽致，并说：我的记忆遵从了我的内心的时候，我的记忆就是我信念的狗。

　　他把自己比喻成"犬"。最著名的一句话是："我以前每天就像一条狗在路上到处排泄似的在街头各处拍摄照片。"他的作品集《犬的记忆》让我想起中国写意绘画史上一段关于犬的艺术大师间时空交错、惺惺相惜的对话。

　　我们常常说谁是谁的走狗，贬低之意溢于言表，可以说，这是十分讽刺的一句话了。可是，齐白石与郑板桥两人都自称为"青藤门下走狗"，如此自谦，这位"青藤"到底是谁。

　　郑板桥一生只画兰、竹、石，自称"四时不谢之兰，百节长青之竹，万古不败之石，千秋不变之人"。其诗书画，世称"三绝"，是清代最有代表性的文人画家。

　　齐白石曾经写下一首诗："青藤雪个远凡胎，缶老衰年别有才，我欲九泉为走狗，三家门下转轮来。"白石大师自叹生不逢时，无缘相遇，活着不能做青藤门下狗，情愿死去做，可见是崇拜到底了。而郑板桥，为"扬州八怪"重要代表人物，袁枚《随园诗话》："郑板桥爱徐青藤，尝刻一印云：徐青藤门下走狗郑燮（xiè）。"随着诗话的流传，郑板桥"走狗"的艺名则在文人圈内定格。这两位如此推崇，不惜为其门下走狗。

青藤就是徐渭。徐渭，号青藤老人，是中国"泼墨大写意画派"创始人，其绘画不求形似求神似，山水、人物、花鸟、竹石无所不工，开创了一代画风，对后世画坛八大山人、石涛、"扬州八怪"等影响极大。大董上海越洋广场店的主题就是用的明徐渭的写意竹子作为主题意境，极受喜爱。

徐渭开创了写意绘画，影响了八大山人。齐白石受八大山人的影响，更加崇拜徐渭，乃至写下愿为青藤门下的走狗。森田大道作品高对比、粗糙的颗粒感，表达了当时日本国家的焦虑，是记录时代感的作品，影响了一代日本年轻的摄影爱好者，他们崇尚他，追求他，也有很多拥趸写下愿做森田大道门下的走狗。

走狗是什么词？如果为金钱而做走狗，它是贬义词。如果为艺术去做走狗，追求艺术境界的无限高度，走狗在这里可以是褒义词。所以，用马斯洛的需求理论可以解释，艺术是人类比较高向的需求。我经常也有这种纠结：艺术作品遵从于内心，还是遵从于市场？内心的诉求是极致和完美的，市场又是苛求的，内心与市场常常冲突，矛盾深刻。我时常不得不遵从于市场，内心就像一只狗。我是多么愿意做意识的一只走狗，那样会忠实地把我的内心完美地表达，当我遵从了我内心的感觉、内心的世界的时候，我就是我自己的走狗。

发酵（一）：腐烂到发酵，消亡与重生

人类的进化史，实际就是一部微生物的发酵史。据说离开发酵，人类活不过四个月。

发酵最终结果是腐烂。控制发酵是人类文明的结果。发酵还是腐烂，有时只差半步。

食物发酵和腐败之间的区别在于最后的结果。腐败最终造成食物毁坏，发酵刚好相反，能使食物得到保存并产生一定的风味。它的衍生品更神奇，比如乳酸、维生素、芳香族化合物等。

男生女生互生情愫，关系产生发酵，对上了眼儿，即便是茫茫人海中，对方的一颦一笑，一举一动，哪怕是不动，他的心理感受都会被对方捕捉到。相反，如果双方没有产生发酵，即便是在他面前搔首弄姿，手舞足蹈，河东狮吼，对方可能也会视而不见，这样的关系可以解释为男人女人情感发酵。

长期生活的夫妻，不懂得维护关系，可能也会由发酵转为腐烂。女人不讲究生活仪态，男生没有基本的关怀，在对方面前恣意妄为，不讲道理，甚至出口伤人，大动干戈。婚姻专家叫做"七年之痒"，也叫"左手摸右手"，还可以叫"审美倦怠"。在食物学中这就是由发酵时间过长形成的腐烂。

如何能像青霉素转化成贵腐霉素，或抗生素一般，把婚姻的长期倦怠感变成一种亲情关系，即长期长久相处、不离不弃的安全感，就叫做消亡与重生。

发酵实际上是微生物之间相互转化的战争，最著名的几员大将是：霉菌、细菌、酵母和一些真菌。在发酵过程中一种总是占上风，优势地位随后就会被另一种取而代之，相互交替。

霉菌真有意思，像个避之不及的捣蛋鬼。只要一个不小心，衣服、包包、皮鞋就发了霉，不论多贵只能自认倒霉。更糟的是，吃了发霉的水果或面包会拉肚子，严重的会食物中毒。女生惹到霉菌会坐卧不安，去看妇科。男生惹到霉菌脚气泛滥，心神不宁。

然而，这种恼人的霉菌也未必只有坏的一面，医学界从霉菌中提炼出青霉属的青霉菌，据此人类发现了有效的抗生素。奶酪皮的霉菌使其味道丰富鲜美，有利于储存。曲霉属的霉菌在酱油、味噌的发酵中发挥作用。有一款顶级的美酒甚至还非得有它们的帮忙才做得出来。这个最极端的就是浓郁甜美、价格高昂的贵腐甜酒了。

贵腐甜酒的风味作用其实就是叫作贵腐霉菌的微生物在秋季熟透的葡萄上繁殖生长，能使这种一般只会造成葡萄腐烂的真菌发挥特殊作用，从葡萄内部汲取水分，使其糖分高度浓缩，并产生一种类似于高品质甜烧酒的美妙芬芳。

传统上，搭配贵腐甜白酒的最佳食物是肥鹅肝，还有带着些水分和咸味、有着沙沙口感的霍克福蓝纹奶酪。我把贵腐酒与夏季时令樱桃鹅肝搭配，或在用餐收尾佐最惊艳的那道甜品芝士邂逅白巧克力，总能收获最完美的句号。贵腐霉酿造出的液体黄金让腐烂变成神奇。

贵腐酒成为从消亡走向重生的神话。

大
暑

发酵（二）：从种子到杯子

在金米兰咖啡学院的窗台上有一盆盛开着咖啡花的咖啡树，花是白色的，远远闻过去有茉莉的清香。咖啡花晒干了以后是可以做茶的，而且它带有咖啡因，因此价格比黄金还要贵。但是在咖啡的原产地，大家还是更期待咖啡花凋谢后结出的咖啡果。

咖啡其实是水果，叫咖啡果，长得很像樱桃（Cherry），外表和我们吃的红樱桃没有太大的差别，但它的皮又厚又苦，并不好吃。不过如果将皮剥掉，果肉的味道并不差，非常甜，但是由于咖啡果实的肉并不厚，没有人吃，大家想要的只是里面的核，即咖啡豆。

去除咖啡果的肉质是一个颇为麻烦的过程，一般要经过日晒、水洗、发酵和脱皮等多道工艺才能完成，是一个复杂的过程。首先，将咖啡豆和红果内部包裹豆子的黏胶分离开来。然后，进入重要的发酵环节，咖啡豆因为咖啡果表面的微生物群开始转化，一种细菌能分解咖啡豆外包裹的果胶，之后乳酸发酵就开始了。最后，产生的有机酸被其他的好氧菌毁坏。大约有超过 1200 种化合物在此次发酵中产生，它们混在一起形成咖啡豆最后的香味，形成风味各异的咖啡生豆。

咖啡豆通过烘焙的温度、时间决定了咖啡的质量和品味。通常咖啡会根据烘烤的程度分为轻度（light）烘烤，中度（medium）烘烤，和深度（dark）烘烤三种。轻度烘烤的泡出来的咖啡会比较酸。深度烘烤则相反，它会让咖啡豆中的油脂完全渗出，因此咖啡味道比较浓香，由于烘烤温度高、时间长，咖啡会有焦糊味。星巴克属于后者，典型重口味。当然在烘焙中会产生一连串的美拉德反应，食材会增香，也会着色，还会发生氨基酸和蛋白质的化学变化的过程，自然会得到多种复合的香气，咖啡就给我们提供了迷人的滋味。

在地中海沿岸国家中 espresso 是意大利人的最爱，这几年我带着大董团队去意大利采风，记忆中在高速公路旁的便捷店里都会有一间小小的咖啡厅，通常在门口处放着立圆高的小桌子，没有椅子，从高速公路上匆匆下来的客人，其中大多是意大利人，买上一杯 espresso，围在这个桌子上，一饮而尽，像喝一杯兴奋剂，然后迅速地离开。我想这就是意大利人的咖啡文化。

一杯上好的意式浓缩咖啡最重要的标志是表面有一层浅驼色的乳剂，轻摇咖啡杯，这层乳剂会像糖浆一样粘在杯壁上。煮好的 espresso 要放进事先热好的厚而小的咖啡杯中，趁热喝完才有味道。

这杯神奇的 espresso 意式浓缩咖啡如果加上两到三倍的牛奶，倒上一浅层牛奶的泡沫，就是拿铁。如果加上一到两倍的牛奶，上面铺上厚厚一层泡沫，就是卡布奇诺。如果加上一大杯水，则是美式咖啡。

二十世纪三十年代是一个叫格吉亚的意大利人发明了专门煮意大利浓缩咖啡的机器，他也同时发明了这种别致的煮咖啡的方法，意式浓缩 espresso。如今美国的星巴克却把咖啡连锁店开到了全世界，据说星巴克已经开到意大利米兰去了。

经济学说："谁用得好就是谁的。"

曾经，美国人到了意大利，要了一杯"普通的咖啡"会问，怎么就这么点儿啊，意大利人会干脆给加一大杯水，意思是拿去解渴吧。久而久之，这种用浓缩咖啡加水做出来的咖啡就有了一个新名称——"美式咖啡"。

由于烘烤好的咖啡豆能够保持较长时间香味不丢失，一旦磨成咖啡粉，香味只能保持几个小时，因此好的咖啡要现磨现用。我当即买了一套咖啡手冲系列，自己亲自动手研磨中意风味的咖啡豆，随着手臂的均匀转动，咖啡的花香、焦糖香、乳酪香一圈圈散开，如白色茉莉清香的咖啡花，我在心里默念，从现在开始，不练蜜桃臀要练蝴蝶臂。

发酵（三）：鱼子酱，被神话的能量暗示

电影《007之霹雳弹》里詹姆斯在巴哈马调情地点了鱼子酱和55年份的唐培里侬香槟王，暗示着美好的夜晚即将开始。超级特工007仪表堂堂，智力超群，讨美女喜欢。他的经典语录是："我讨厌房间里有鲜花，喜欢鱼子酱和不甜的马提尼。"从此鱼子酱成了007的标配，几乎每一集都会出现。

其实无所不能的007喜欢鱼子酱的原因是消除疲劳，鱼子酱还有另一个属性"性暗示"，我们在看詹姆斯·邦德除了炫车和高科技外，跟每一集女主角去吃饭都会用鱼子酱配炒蛋白。

美丽的女孩儿用贝壳勺扛起鱼子酱放在纤手的虎口处，用体温将鱼子酱温度还原，妩媚地送出手臂让男性去吸吮，是鱼子酱品尝中设计的体验，其实也在表达一种暗示。

在欧美，尤其是社交名媛、时尚界的美女明星们，特别喜欢鱼子酱。原因很简单，鱼子酱已经被赋予成尊贵、营养、神奇的功效。晚餐可以吃得少，要保持旺盛的精力，怎么样让自己能够维持体型，看起来容光焕发？整个人的状态都可以靠鱼子酱调整。她们大量摄入鱼子酱，鱼子酱里天然的不饱和脂肪酸和高含量的氨基酸让整个人的状态看起来容光焕发，精神亢奋，语言幽默，会成为社交女神。

不是所有的鱼卵都被称为鱼子酱，按照国际法典，鲟鱼的鱼卵经过传统的手工轻微盐制发酵而成的叫鱼子酱。它产量稀少，味道独特，有两千多年的历史，被称作西餐桌上三大顶级食材之一。

品鉴鱼子酱分为四个维度。色泽：颗粒饱满、均匀、有光泽，圆润无

破损；气味：无腥味，散发淡淡海洋清香；弹性：优雅地破裂，弹韧又绵柔地在口腔中徐徐散开；风味：富有层层韵味，随着在口腔中停留而不断散发出原有的奶香味、水果味、坚果味、黄油味。

两千年前里海的波斯人开启了吃鱼子酱的先河。伊朗人、犹太人用稀缺性打造了鱼子酱的贸易，鱼子酱是食物黄金，食物黄金也是那个期间诞生的。后来鱼子酱习俗传入沙俄成为沙皇的皇室贡品，又被带入欧洲，尤其是法国，成为欧洲皇室竞相追捧的御用美食，可以说法国是鱼子酱带货界的"李佳琦"，日本研究鱼子酱胶囊应用到刺身中，今天中国破解鲟鱼养殖技术，把优质鱼子酱通过供应链技术触达到全世界的餐桌。

关于鱼子酱盐渍发酵后产生的风味，各国有各自的喜好。在中国市场，顾客最喜欢海博瑞鲟的奶油鲜香，回味悠长，性价比高。俄罗斯人喜欢产自里海入口、有明显爆破感和坚果清香的俄罗斯鲟。欧洲市场追捧的依然是奶油浓香、香醇持久的达氏鳇，以及丝丝柔滑，有奶香、花香、果香，入口销魂的欧洲鳇。是发酵工艺赋予鱼子酱风味，还是鱼子食材本身带来香气，人类还在探索中。

在风味和发酵这件事情上，通常每个地域都会觉得自己的方式是最好的。自己的发酵食物是珍馐佳肴，别人的发酵是野蛮粗俗。口味，稀缺，一切都适用。

发酵（四）：茶饮，夏天的味道

　　发酵饮料可以带给人类愉悦，她跨越历史的长河无处不在。很有意思，2004 年美国科学家发现巴拿马丛林中的猴子食用已经成熟的水果表现得像喝了两瓶葡萄酒一样兴奋。成熟的水果含有糖，是天然酵母，炎热和潮湿就能产生发酵，自然也产生了少量的酒精，酒精味道挥发吸引了猴子的味觉，而猴子总是去找这些轻微发酵后的水果来优先食用，说明发酵后的水果会产生愉悦性。

　　在家里，师娘经常把剩余的樱桃、山楂、苹果等任何水果加入糖、一点盐，腌渍发酵，煮成果酱，适量加入朗姆酒会产生迷人的风味，还可以多保存几天；在江南，农夫用成熟的杨梅发酵酿造果汁或果酒，与朋友们分享，就是著名的杨梅酒。

　　水果发酵后产生风味，含有一点酒精的感觉是一种令人愉悦的物质。在希腊发酵的葡萄催生葡萄酒文化，那些哲人的思考、辩论，往往离不开酒精饮料。一场酒会是不同思想交流碰撞的知识大会，比如柏拉图著名的《会饮》，就是这种现象的写照。

　　发酵饮料对人类的影响远比我们想象得大。剩余的粮食发酵诞生了啤酒；成熟的葡萄发酵被酿成红酒；咖啡发酵产生不同的风味引领了百年的时尚风潮；茶是中国最重要的文化，用中国茶叶风味为基底，与四季时令水果结合西方的微发酵淡奶盐芝士概念研发的茶饮产品已经占领了新生代消费群体的味觉酶。

　　据说现在的小朋友生病，他们之间的慰藉的礼物是外卖送上两杯"茶饮"，包装精美，维生素含量高，有着中国茶的基因，还有洋气的奶沫，不用太多，喝上两杯就能恢复元气。就像当年我们彼此赠送糕点盒。茶饮已经成为现在 95 后、00 后的刚需。

这几天李子柒发布了以夏天为主题的视频，刷爆了朋友圈。田园生活真美好：黄瓜皮腊肉、鸡肉卷饼、青瓜炒饭、鸡丝凉面……在你的眼中，夏天的味道应该是什么样的？我想到两样东西：一个是茶，解热降暑，一个是水果，营养丰富。夏天的味道一定不能少了水蜜桃、百香果、青柠檬、西瓜、芒果、白兰瓜……

百香果茉莉绿茶：第一口是茉莉绿茶的清新韵味，再回味又是百香果的酸甜，每一口都是真材实料，绝对是炎炎夏日里的美妙二重奏。

红茶芝士奶盖：红茶茶汤融入细腻的新西兰芝士奶霜，粉白丝绒，奶盖是芝士淡奶油加玫瑰盐，由人工打发而成，具有细腻香醇的口感。

乌龙茶盐渍青柠檬芝士：咸甜芝士，搭配清爽的金凤乌龙，青柠檬赋予多重口味组合，古典与时尚结合，是个实力派。

融合新理念的中式茶饮，是这个夏天的味道。

新麦子下来吃面筋

入了夏，新麦子下来了。新麦子下来，就吃新面。新面好吃，面里有醇厚面香，说这面香是大地的味道，阳光的味道。

除了吃面，新麦子还有很多吃法。前天看杭州美食家柏师文章介绍的富阳龙门孙家的面筋，有很长的历史。又看着孙大妈娴熟手法，洗出面筋后，再塞上肉馅笋丁韭菜，过油炸，可蘸味汁吃，也可烧着吃，都是炎热夏天里好味道。

伴随着小麦在黄河流域种植，面粉制品以及吃法就越来越多。面筋是植物性蛋白质，由麦醇溶蛋白和麦谷蛋白组成。将面粉加入适量水、少许食盐，搅匀上劲，形成面团，稍后用清水反复搓洗，把面团中的淀粉和其他杂质全部洗掉，剩下的即是面筋。面筋蒸的叫烤麸，煮的叫水面筋，炸的叫油面筋。

上海菜里有烤麸，浓油赤酱的味道，甜味浓郁。北京菜里也有烤麸，团结湖店里曾经做过，用八角炝锅，加酱油黄酒烧，还有黄花木耳花生米。现在烤肉季还有这道菜。前些日子，望海楼的马伟师傅给我拿了点他蒸的面筋，我把面筋放在冰箱里镇凉，用陕西油泼辣子的汁拌，香香辣辣酸酸凉凉，大大的蜂窝吸足了汁，真是过瘾。对了，马伟师傅做的面筋，很筋道，耐嚼。油面筋在很多菜里吃过，比如炒个菜心，放点油面筋，一盘菜里岔出花样来。有的涮火锅也涮油面筋。

面筋洗过之后发酵，直接蒸后再擀成皮，再蒸，再切细条，熊丽妈妈给我做过，她们叫擀面皮。同样要油泼辣子麻酱汁，还要蒜汁。吃得鼻涕一把泪一把的，大夏天的爽死了。

最近去了几趟郑州，她们吃什么都放荆芥，别说荆芥放在凉凉的面筋里，更显清爽，独俱风味。

一个面筋在无锡叫油面筋、生麸，上海做成甜甜的叫四喜烤麸，在陕西凉拌成油辣酸香面筋凉皮，面筋虽小，想用名字把它前世的关系说清楚，还真不是一件容易事。无论把面筋炒、涮、蒸、拌，还是烤、卤、炸，面筋在中国各个地方都发挥着独特的风味，伴随着无数人的小日子。

蕈油面

　　"蕈"是中国古汉语对真菌类的统称。蕈在英语中的 mushroom 是一个多义词，作为生物名称通常译作蘑菇。我给蘑菇蕈菌分为两类，有毒和无毒。

　　在蘑菇菌蕈这个族群里，做工的是香菇大伯，纯朴厚道。松茸表哥在大公司里做"CEO"，有点假洋鬼子味道。松露是意大利时尚品牌的老板，装腔作势。还有平菇、羊肚菌、口蘑、鸡腿菇、猴头蘑、牛肝菌、老头菌都是 996。唯有竹荪最活泼，就像邻家妹妹初长成，芳龄十四五，清纯、青涩、一袭罗裙。不管用啥方法烹制，都要清汤，素雅，尽显芳华，飒爽。

　　前些日子说"蕈油面"，专门请教了两位大家，沈宏非先生和华永根先生。沈宏非先生强调蕈油面的"蕈"，在这里是专指叫"松蕈"的蘑菇，虞山极品蕈油是桂花盛开时节所出，长在桂花树附近的，会有桂香。他更是找会做蕈油的朋友给我做了一瓶，快递到北京。

　　华永根先生详细给我讲了苏州常熟的蕈油面：

　　苏州的蕈油面一年四季都能吃到。"蕈"是松树底下的一种菌类，苏州人读"xùn"，长在苏州城郊的丘陵山林里面，蕈生长要有一定气候条件，就是需要温度比较高，一般在春天和夏天交接、夏天和秋天交接的时候生长。

　　松树还有一种菌类。这种菌类叫松花，松树在气候到一定条件的时候开花，有一些松花落下来，落下来以后，就在松树底下的土壤里面，会长这种菌类，这种菌类味道也特别鲜美，苏州人认为比蘑菇要高一个档次。

松蕈采到以后，要煮成浇头的面浇或熬成松蕈油。洗的时候有一定诀窍的，不能像其他物体放在清水里用手划来划去，只需水多点，用手轻轻打水。为什么打水呢？一，松蕈很鲜嫩，不可粗洗；二，打水产生震动，松蕈里的沙子才会慢慢落下来。

　　常熟的松蕈面为什么有名？因为在虞山能找到这种菌类，且数量较少。现在大部分松蕈都是从安徽、浙江过来的，苏州的产量已经满足不了消费者的需求了。旧时，蕈油面是庙宇素斋，他们喜欢吃松蕈也是来源于其鲜美，后来慢慢传到社会上。如果吃松蕈面没有其他浇头，只是松蕈面，它就是一碗素面中的皇后。

　　到常熟去吃蕈油面，面店里也有，但最好在虞山脚下。在那儿吃蕈油面别有一番风味，有景致有美食，多么理想快乐啊。

去开封找"瞪"

从郑州一上高速，路两边的田野河水人家都看不到了，出门还是喜欢走颠簸土路，有一些情趣。

开封的这户人家，是六层楼，在一层，有个独院，院子里有一架葡萄藤，满满的挂着紫葡萄。这样的院子现在很奢侈。进屋有一横幅，上书瘦金体"松竹蕉茶琴书，露风雨烟韵声。——岁次戊子秋国庆书"。

老师傅自己做，自己端盘子，说着浓重开封话，需要别人翻译。

冷菜里面有开封名菜传统"桶子鸡"。"桶子鸡"以隔年母鸡为原料，不开膛，不破肚，使鸡成为桶状。讲究先剃骨，再切片，肉片无骨，越嚼越香。梁实秋在《锅烧鸡》文中说：锅烧鸡要用小嫩鸡，北平俗语称之为"桶子鸡"，疑系"童子鸡"之讹。这和开封"桶子鸡"应该是两码事。

第一道热菜以传统豫菜"扒广肚"起，接"清蒸黄鱼"。蒸过的黄鱼浇上豉油，摆上葱丝，浇热油。"油焖大虾"和山东的油焖大虾不大一样，没有虾脑油。"气锅老鸭汤"里面是枸杞和芫荽炖的鸭块。"冰糖肘子"上面撒了一大把冰糖。

"盐水凹腰"做得不错，很嫩。开封人说头天晚上要是喝多了酒，第二天早晨一定要喝一碗羊双肠，就是大肠和小肠做的羊汤。这和北京的"羊霜霜"不是一个意思。早晨的羊双肠汤没有凹腰，要是加凹腰，需单加钱。这在开封是好食物。

"扣条子肉"是河南常见美食。"什锦火锅"里面有海参皮子、笋片、鱿鱼片、卤白肉、鸡腿菇、炸豆腐、小酥肉、卤猪肉丸子，粉条打底。刚上桌，大师哥急不可耐的就要扎，老师傅一回身，看见了，说了一句，嘴太急了，要等煮一会，把料煮塌了，味就浓香了，才好吃。说完又看了大师哥一眼。北京话，这叫找"瞪"。大师哥臊眉耷眼地喝了一口浓郁的"酸辣汤"。

最后是老先生自己手工包的野菜饺子，蘸陈醋。

老先生本不是厨行，退休没事，自己做着玩，做出声名远播，远近客人趋之若鹜。一千块钱一桌，要说，真是挺便宜的。老先生也是乐在其中。

鳝鱼面、鳗鱼面

小暑、大暑正是吃面好时候。这好时候有两说：一是新麦子下来，碾了，吃新面；二是讲究，"小暑黄鳝赛人参"。小暑大暑时节，正是鳝鱼鳗鱼肥美时节，两厢一凑，就有了鳝鱼面、鳗鱼面。

吃面，要佩服两个地方，一是西北，另一是江南。西北面种类多，江南面浇头多。江南更讲究随时应季。

袁枚袁子才，大才子，江南人。他在《随园食单》里介绍了五种面：鳗面、温面、鳝面、素面和裙带面，其中鳗面和鳝面，正是在小暑大暑时节吃。

鳗面他是这样说的：大鳗一条蒸烂，拆肉去骨，和入面中，入鸡汤清揉之擀成面皮，小刀划成细条，入鸡汁、火腿汁、蘑菇汁滚。

解释就是，把肥鲜鳗鱼洗净粘液，先轻烫去腥，然后以葱姜黄酒一同蒸烂，去掉外皮黑膜，去骨。鱼肉和面，和面用清鸡汤，擀成面皮，切成面条。用鸡汁、火腿汁、蘑菇汁，一定是清汤面了。

袁子才说得轻巧，其实这是一道费工费料的菜。一般鳗鱼蒸烂已经成菜了，在这里只是第一步，接着还要用蒸烂的鳗鱼去骨出肉，再和成面。再要用鸡汁、火腿汁、蘑菇汁调味，不是大户人家，怕是不得。

我曾在江南吃过几次鳗鱼，有浓油赤酱烧的，有鸡油蒸的，也有豉汁蒸的，尤其是在大暑是日，鳗鱼肥美滑嫩，似膏如脂。想都能想出来袁子才的"鳗面"是多么鲜多么美。袁子才说到鳝鱼面，就简单了："熬鳝成卤，加面再滚。此杭州法。"我觉得以扬州或苏州吃法，鳝鱼面除了"熬鳝成卤"之外，还可有众多吃法。想想江苏菜的"长鱼席"，鳝鱼制发不下百种，"炝虎尾""红烧马鞍桥""炒蝴蝶片"等，任何一种制法，都可作为"浇头"。

有一年，沈宏非先生带我去南京一饭馆"都市里的乡村"，吃"一碗胡椒炒软兜"，黄鳝煮熟去骨，肚兜肉切条，葱姜蒜酱油香油炒，上桌带一碗胡椒，趁汤汁沸腾之际，投这一碗胡椒，食客无不瞠目，老板娘给每人盛了一碗，胡椒下了肚子，心头一热，暑热就消了。

这么多年过去，在大暑时节，这碗"胡椒炒软兜"，如做浇头，定是最消暑的一碗好面。

发酵（五）：精酿啤酒，酵母文化的复兴

夏天是啤酒的世界。

前两天在"一坐一忘"云南餐厅，李刚老板给我喝了他用老家的百香果发酵酿制的啤酒。口感甜美，果味浓郁，像一杯带着酒精的果汁儿，说不清是酒还是果汁，让人回味悠长。

啤酒，是除了水以外人类历史最悠久的饮料。在人类最早的文明中，美索不达米亚和埃及的考古中都有记载啤酒的文字。随着农业产量的剩余，大麦、小麦在高温潮湿的环境下会发生神奇的化学变化，这就是啤酒酵母文化的起源。谷物转化成淀粉酶，淀粉转化成麦芽糖，麦芽糖有甜味，发酵出酒精，这种液体喝起来令人愉快。就这样，我们的祖先找到了酿造啤酒的秘密。

1904年康有为访问德国工业制造，赞精益求精，冠绝欧美；所谓"一切以德为冠。德政治第一，武备第一，文学第一，警察第一，工商第一，道路、都邑、宫室第一"。一切都是德国好，所以德国啤酒也是世界第一。在康有为的眼里，德国人简直把啤酒当成了饮料，"德国人人无有不饮啤酒者"，喝啤酒的杯子大得吓人，"其饮啤之玻璃杯奇大如碗，圆径三四寸，有高八寸而圆径二寸，初视骇人"。在到德国之前，康有为从不喝酒，说也奇怪，到了德国尝了啤酒，康有为从此"开戒"，每日必饮，连续半月后，再难释怀。

享誉世界的德国啤酒传入法国、俄罗斯、中国、世界各地，如今"慕尼黑啤酒节"每年都使数不胜数的游客蜂拥而至。现代工业啤酒为德国

起始。

2017年星巴克的创始人舒尔兹卸任CEO前，他在中国上海打造了一间超级咖啡烘焙工坊（Starbucks Reserve Roastery），在咖啡工厂的顶层就有一间精酿啤酒坊，是由精酿啤酒和精品咖啡组合而成。真是美酒加咖啡，一杯再一杯。

精酿啤酒，craft beer，直译为手工啤酒，本次精酿啤酒的全球流行潮流是二十年前美国、新西兰引发的。如果说红酒有新世界、旧世界之分的话，那么以美、新为代表的精酿革命可以称为新世界啤酒，比利时、德国等欧洲传统酿造可以称为旧世界啤酒。精酿啤酒在酿造中强调发酵的酵母从传统的工艺中获得，不用化学添加剂，使用的啤酒花独特、大量，而且每家精酿啤酒厂都有啤酒花调校和使用技巧，区别于工业啤酒用玉米淀粉和酶制剂的方法。一般是前店后厂，现酿现喝。精酿啤酒，是放弃工业化快速重新回归原始发酵文化的复兴运动。

由于新鲜酵母加持，精酿啤酒口感可就任性多了，不同地方的酿造师随心所欲地发挥创造力，对于啤酒的理解不一样，所以口味千奇百怪，颜色也是多种多样的，比如苹果味啤酒、樱桃味啤酒、百香果味，还有陈皮味、姜汁味儿、石楠花味、烟熏味、香菜籽味……新加入的水果酵母的甜解决了那些不喜欢喝苦味啤酒的人，而增加的香气给更多的人带来愉悦感和小惊喜。

精酿啤酒有一个专业名词"苦度"，叫"IBU"，"IBU"越高就说明啤酒花越多，口感上就越苦。还别说，在精酿啤酒发烧友里越苦越畅销，用心理层面解释就是口感刺激，因为啤酒其实是一种社交鸦片，能让你表达自己被社会所接受的载体，如果说一个人能欣赏一种很小众的东西，就能得到与众不同的满足感。另外，从科学的角度来解释，人在受到刺激的时候，大脑会释放一种让精神兴奋的化学物质，这个反应和人们愉悦的时候的反应是一样的，而且重复受到刺激的时候会越来越活跃，苦，恰好就是可以刺激到人们的一种快乐酵母。

精酿啤酒，酵母文化的复兴。

发酵（六）：干式熟成 Stone sal "言盐"，新时代牛排的代表

发酵，先于人类文明，促进人类进化。发酵对人类的原始意义，在于软化动物尸体，能够咀嚼大型动物的粗老肌肉。随着人类的进步，发酵成为人类对于风味的选择。

因为有了发酵，食物可以长期保存又便于消化，获取食物和消化食物的时间在减少，让人类有更多的精力可以思考，最终走向生物链的顶端。

近年来，自然发酵营养健康，风味突出，受到人们青睐。新鲜牛肉，鲜美突出，肉质软嫩。而熟成牛肉则在熟成中，蛋白质不断分解成各种氨基酸，油脂随着分解，熟成浓郁的奶酪味，风味更加迷人。"言盐"的熟成牛肉，在众多的牛排店中，以理念先进，手艺高超，和北京 Meat by Ernest 吃肉餐厅的熟成牛肉店，成为佼佼者。

Stone sal "言盐"是新时代熟成牛排的代表。有专业的醒肉房、切割室，自制烹肉油。创始人及行政总厨 Chef Ling 十几岁从厨，至今已有二十五年，对烹饪颇有天赋又爱钻研，二十三岁就成为 Blue Horizon Hospitality Group 的行政总厨。他精通肉类烹调尤其是牛排，拥有自成一体的处理方法，从干式熟成、切割到烤制，甚至对刀具、调料、油的使用都精益求精。精湛手艺和先进烹饪理念成就"言盐"绝佳菜式，尤以招牌菜为甚。

"手工烟熏 -20℃三文鱼"，三文鱼烟熏一小时，抹蜜蜂进行低温（20℃）烤制六小时，易入味，烤后接抹蜂蜜，再次明火烤制。这是"言盐"家招牌菜。所谓招牌就是以此为主打，滋味手艺无与伦比，或全行业

最好水准。这道三文鱼就是这样一道菜。低温出来的三文鱼口感细腻，肥香华美，又烟熏味浓郁，真是惊艳。

"青苹果菊苣色拉配帕玛森芝士"，培根碎拌香草蛋黄酱，在青苹果、玉兰菜、树莓上撒一层奶白色的帕尔马奶酪，和青苹果的嫩绿相配，素雅明快，皎洁得像冰山上的雪。奶酪碎和沙拉酱有丝绒般口感。

大力推荐"海胆牛油拌饭配 5J 牛肝菌"，用烤过之后熟成牛排的牛油，以法式油封鸭的方法油焖北海道大米，有坚果香气和奶酪气息。再用台湾的三星葱、洋葱炒制而成，上配朝鲜海胆。配用西班牙 5J 火腿爆炒的新鲜牛肝菌，点缀着芝麻菜。这真是一盘绝味炒饭，当你看到黄红色海胆时，人已经把持不住了，口水忍不住盈盈。

"9 天干式熟成黄油鸡配自制辣椒粉"，是法国黄油鸡干式熟成后，用自制酱料腌制，再进行烤制。配的是云南的单山蘸料。法国高卢黄油鸡熟成是个好想法，且有浓郁的风干香气，鸡肉非常香美。

"干式熟成 M9 纯血西冷"，风干 48 天，这个天数正合适。牛肉焦香，汁水盈口。这款肉在烤完之后又用火枪炙烤，牛肉表层结痂层增厚，口感深重，递增焦香迷人。

人间食物，以发酵为美。发酵自古至今，愈发令人迷醉。我恋发酵，尤甚爱人，因为爱一个人需要持续不断发酵。

杭州俞斌菜渐有张大千气象

去杭州紫萱吃俞斌宴席有"帮主叫花鸡"一菜。"帮主叫花鸡"是啥？俞斌说：周总（周宏斌，柏悦总，曾任湖滨28总厨）有黑松露叫花鸡，受其启发，做"花胶鱼翅叫花鸡"，这样珍贵食材，一定是帮主的专属，以此命名。

这道菜将焖得酥烂的花胶鱼翅入了脱骨黄鸡。再用香糟泥烧烤，酒香浓郁。黄焖花胶鱼翅是官府菜架势，再镶入脱骨鸡中。费工费时，有张大千宴客气象。

张大千宴客，不计工本，豪吃畅饮，大方怡情。鱼翅制作的菜里，张大千特别喜欢北京谭家菜的黄焖鱼翅，喜欢到不惜血本的程度：住在南京时，曾经多次托人到北京去谭家买刚出锅的黄焖鱼翅，然后立刻空运到南京，上桌享用时鱼翅还是热的。

黄焖鱼翅属于谭家菜独门秘籍。这道菜讲究成菜要色泽深黄、质真明亮、柔软爽口、汁稠味浓。做法是用发好的鱼翅与切成厚片的鸡、鸭、猪肘、火腿、鸡汤、料酒一起，先用旺火来烧，最后转至小火自然收汁。张大千的鱼翅涨发有自己独到之处：一般选用北非产的大排翅，采用清宫御厨的方法，把鱼翅放在一个坛子内，先放一层网油再放一层鱼翅，再一层网油再一层鱼翅，然后用文火炖一个星期之久。所谓一个星期，不是说每天二十四小时都炖，比如说今天炖十二小时，明天再炖十二小时，这样坚持一个星期。这样处理过的鱼翅既酥烂又软滑。

俞斌的菜又有江南的精工巧美，紫萱精美六味碟，基本是这个样子。几只热菜也是 fashion。

菌菇焖煮金吉鱼，是江南家常法，用日料顶级食材喜知次鱼。本来江南的家常味就浓郁，有喜知次鱼的肥腴，满口皆香。

酥炸法的意大利黑醋和牛粒淋意大利浓缩黑醋。

酥炸梅童鱼子酱：梅童鱼去骨，用酥炸脆浆炸，配了宁波虾酱。

还有云椒鸡油菌炒斑球。将石斑鱼去骨做球，鸡油菌正是时节，和皱巴青椒一起炒了，有味啊。

主食火腿野菌毛豆饭，以青豆鸡汁煮米饭，江南人一天的味道。

和田玉枣冰激凌配冷泡九曲红梅，九曲红梅是杭州名茶，能泡取香，再冰镇过配和田枣味儿的冰激凌，是一餐的完美收官。

最后说，"松露干菜烧辽参"以地方味道笋干菜入烧海参，突破传统海参制轨，定位大董海参法道，口感不软不硬、入味透彻、特色明显。为大味成矣。

龙井草堂的万千气象

有一些人知道"龙井草堂",有一些人识得"耕读书院"。从"耕读书院"回头再看"龙井草堂",就会晓得"龙井草堂"这是一个去处。而"耕读书院"则是他的精神处所。

那一年,我去了丽水的"耕读书院",在山腰曲径通幽处,有一白墙灰瓦院落被群山怀抱,院门有对联:"躬践农桑知国本,耕耘经史识心源"。我眼之所见是陶渊明的世界。有朗朗读书声,有农人涉水在田耕。空气清新,绿树浓荫,炊烟袅袅,月色皎洁。

"龙井草堂"的阿戴和柏师并不是一个避世的人。他们都是读书人,能够表达出"耕读"气质。有一年阿戴在春节的时候,带着丽水少年合唱团到北京参加春节晚会银帆大赛的比赛,气势磅礴,很是震撼。这都是一些农村孩子,在阿戴的指导下,却一个个显露出艺术气质。能做到这些,要有家国天下的胸怀,也最能体现"耕读"内核:"耕读传家久,诗书济世长"。

阿戴、柏师的思想境界,是中国文人气质里的气象。是入世人的出世,出世人的入世。是中国优秀传统文化和当代美学的最好范例。

"龙井草堂"园子里的气质,是中国任何餐厅不能比拟的。这种园林式的自然景观,是大自然之气象,和二位老板的气质有关。在这里,是陶渊明式清净田园的悠闲生活,林泉野径,移步换景。超然物外,率真任诞而风流自赏。又有着心灵的澄净与自得,更兼具人与景之间的融合与意境。

踏入中堂,视落两立高柱上范曾先生书写的对联:"到处溪山如旧时,此间风物属诗人"，诗书逸趣，顿感闲适。觉无论身处何地，内心美如溪流山谷。是大气象。

整个园子里，美景、文化、艺术与美食融合，悠然泛开。说美食，"龙井草堂"是根据自然节气订菜的，取菜精华用传统方法烹制本真味道。

"龙井草堂"我吃过无数次，每次都有所收获，并被激动着。这一次吃"花胶炖鸡"，柏师说，鸡要用腌咸鸡。夏天湿热，人会随着汗液流失盐分，吃腌过的咸鸡，可以很好的补充电解质。和花胶、干贝同炖，呷一口汤，清鲜至美。

这次来本是奔着红烧青鱼划水来的。准备好的 60 斤大青鱼给养死了，呜呼哀哉，只好退其次，用一条大白鱼做清蒸。鱼一上桌，我就看见那鱼肉是玉白色，透亮。入口，嫩到要吮吸着吃。没有最嫩，只有更嫩，几十年吃白鱼，第一次吃能做成这样子的。

简单豆浆，有着浓郁锅气，配料精究，是你在任何地方都吃不到的。很平民，很居家生活的一个味道。这味道里，是一种升华，这升华里有中国人的气质，虽然是一个小味儿，但包罗万象。

"荤豆瓣"嫩得有嚼头。"舍得"菜心，集清鲜香于一身。"嫩姜炒蝴蝶片"正得时令，嫩软鲜香。酱油自家酿，黄酒是酒中酒。好食雅味和懂的人，一定气象万千。

食物是文化的试金石，通过食物可以形成认同，得以融通，互能阔其气象，更有了深致内韵，是食之大美。

一个凤凰台，几个故事

写凤凰台诗歌多矣。

在南京景枫万豪酒店，临窗往外看左有方山，右有凤凰台。千年来已为佳话。唐·崔颢作《黄鹤楼》诗：

> 昔人已乘黄鹤去，此地空余黄鹤楼。
> 黄鹤一去不复返，白云千载空悠悠。
> 晴川历历汉阳树，芳草萋萋鹦鹉洲。
> 日暮乡关何处是？烟波江上使人愁。

后李白以崔颢《黄鹤楼》为模板，做《登金陵凤凰台》：

> 凤凰台上凤凰游，凤去台空江自流。
> 吴宫花草埋幽径，晋代衣冠成古丘。
> 三山半落青天外，二水中分白鹭洲。
> 总为浮云能蔽日，长安不见使人愁。

再元白朴"隐括词"，巧妙化用李白诗作《沁园春·金陵凤凰台眺望》：

> 独上遗台，目断清秋，凤兮不还。怅吴宫幽径，埋深花草；晋时高冢，销尽衣冠。横吹声沉，骑鲸人去，月满空江雁影寒。登临处，且摩挲

石刻，徒倚阑干。

青天半落三山，更白鹭洲横二水间。问谁能心比，秋来水净？渐教身似，岭上云闲。扰扰人生，纷纷世事，就里何常不强颜。重回首，怕浮云蔽日，不见长安。

李白是有意回应《黄鹤楼》的母题和句式，像崔颢那样，在名实、有无、以及见与不见之间，大做文章。而白朴通篇都是化用剪裁前人诗意，一为唐代大诗人李白的《登金陵凤凰台》，再有为北宋大文豪王安石的《赠僧》，但化用得十分流畅自然，很有一番吊古伤今、惆怅遗恨味道。

去年中秋节，西班牙国王请松竹去王宫做了一个星期饭。对于一个中国青年厨师来说，这太难了。这厨师是万豪老板在万豪集团所属的五六十位总厨中亲自选定的。

今天尝菜果然技高一筹。冷菜过后的第一道小品菜就有了好感，鸡豆花配卡露伽鱼子，平时的清汤鸡豆花，在夏日里清清凉凉的配上卡露伽更顺口。

接下来的菜越来越精彩，这精彩在颜色呈现上，更在思想的前卫上，也在思古和传承上。

夜香花黑松露酱炒澳洲龙虾、青柠滋味小牛肉、三虾烫干丝、雁来蕈蒸农场鸡、黄焖鮰鱼肚花胶公、豆豉黄油菌蒸江鳗、丝瓜六月黄煮老豆腐、毛豆米茭白炒豆干、干巴菌春卷、小龙虾汤包、软兜红汤面。

南京气质古典和悠扬，在松竹师傅的菜品里，有体现。我写了一句话给松竹："南京遗韵，竹林雅集"。又写一句"旭日灿烂，东方既白"予孙旭东总。

松竹总厨三十六岁，真是前途不可限量，大有希望。

扬州菜的玉色

天南地北，四海风味，软硬稀稠，酸甜苦辣，这两句话基本囊括了大致味道。扬州菜却可用玉色来形容。

玉有很多品质，其中有温润和通透。和田玉的色是如羊脂般温润。这是中国人喜欢的一种品质。藕粉，是和田玉中的"新宠"，色调温暖柔和，既不炙热，也不冰冷，即使在冬日佩戴，也是给人暖暖的感觉，温温糯糯，就这么不晃眼的存在着，偶然一瞥，足以动人。

叶圣陶的《藕与莼菜》："同朋友喝酒，嚼着薄片的雪藕，忽然怀念起故乡来了……他们各挑着一副担子，盛着鲜嫩的玉色的长节的藕。在产藕的池塘里，在城外曲曲弯弯的小河边，他们把这些藕一再洗濯，所以这样洁白……"

藕片莹润有光泽，雪亮剔透，玉色中隐隐透着奶白。吃周晓燕教授的夏日"湖中三味"就如是这般。"湖中三味"有碧玉般的莲子，粉粉糯糯的菱角，和我们要说的莲藕。莲子剥去绿皮，带苦心吃，甜中有苦，清清雅雅，清馨流畅。菱角是粉糯的，有清新的甘味。最惹人爱的是酸甜而脆的莲藕。莲藕用滚刀切的，三样食在一盘里，翡翠般的莲子和玉色的莲藕，是一幅美妙图画。

再是这次吃到的狮子头，看起来玉质不生嫩，有脂粉色，细腻油润，柔和温婉，清新淡雅的美。用勺抷了，颤颤巍巍，入口极端软绵。狮子头这道菜，从隋朝的葵花大斩肉，到当代，历经无数演变，成为苏菜的代表菜。无数人都想在狮子头的进步上，有所作为，似乎都徒劳无功。周晓燕教授这次对狮子头的改造，是一次大的跳跃，是玉色革命。古代文人常用脂色如玉，来形容美人肌肤，是一种感觉温润且柔软的色。

　　大多数食物离开风味原产地，都像叶圣陶所说的，"这藕离开它的家乡大约有好些时候了，所以不复呈玉样的颜色，却满被着许多锈斑"，没了精神。

毛豆

大暑过了，立秋还没到。正是青豆子成熟的时候。

历史上写青豆的诗句真不少，像金朋说的《种豆吟》，当然我还是最喜欢陶渊明的《归园田居·其三》："种豆南山下，草盛豆苗稀。晨兴理荒秽，带月荷锄归。道狭草木长，夕露沾我衣。衣沾不足惜，但使愿无违。"

台湾校园歌曲最盛行的时候，唱"走在乡间的小路上，暮归的老牛是我同伴"，总是想到陶渊明，只是台湾校园歌曲是浪漫和理想的，陶渊明的诗则是有一种归隐后的释然与平和。

最近吃了几家饭店，菜单里都有青豆的菜，才意识到又到吃青豆的时候了。杭州龙井草堂的"隐士露豆泥饭"、杭州紫萱的"火腿野菌毛豆饭"、南京景枫万豪的"毛豆米茭白炒豆干"。

最好吃的莫过于用盐水煮。盐水里再放几颗花椒，煮出来的青豆还有刚出土植物的清新和盐水煮过后的清香。青豆的豆荚上长有豆的绒毛，豆荚的绒毛特别像姑娘脸上的绒毛毛。一挨慢慢褪去了，青豆也就鼓里了，嫩与不嫩间，味道最浓郁。

带荚的毛豆和带壳的花生，或者再有辣炒的螺丝以及羊肉串，是最好的夏天味道。吃这些小味，最惬意的莫过于在路灯下，手摇着蒲扇，一口酒下去，剥点青豆，听人声喧闹，看灯光下，蚊子蛾子乱飞，好不畅快。有一段时间，北京街边的烧烤摊特别兴旺。东四十条桥保利大厦边的胡同口有一个名扬京城的老李烤串，一到晚上，四面八方的人汇聚到这儿，还有老远开车奔这来的，路边停的车，不乏玛莎拉蒂类。

老李烤串的老李，可拽了，北京爷的架势，骂骂咧咧的，一副你爱吃不吃的样儿。据说很多人就奔着他那样去的，也乐得自受。

多少年过去了，北京城里的烟火气渐渐没了，大家想着老李烤串的爷样儿，觉得特亲切。

都是人间城郭

富春江极具气象。黄公望从七十岁画富春江，到七十四岁始成。如从杭州钱塘江走水路转富春江，读吴均的《与朱元思书》，极美。

> 风烟俱净，天山共色。从流飘荡，任意东西。自富阳至桐庐一百许里，奇山异水，天下独绝。
>
> 水皆缥碧，千丈见底。游鱼细石，直视无碍。急湍甚箭，猛浪若奔。
>
> 夹岸高山，皆生寒树。负势竞上，互相轩邈，争高直指，千百成峰。泉水激石，泠泠作响；好鸟相鸣，嘤嘤成韵。蝉则千转不穷，猿则百叫无绝。鸢飞戾天者，望峰息心；经纶世务者，窥谷忘反。横柯上蔽，在昼犹昏；疏条交映，有时见日。

除了山水之美，富春江也是中国文脉的重要地标，大名鼎鼎的严子陵钓台就在其间。"汉光武帝故人"的严子陵，皇帝找上门求他出仕，结果他还是选择了一辈子隐居。如此对名利的态度，影响了千百年来的中国文人，即便超然如仙的李白亦仰慕不已，写下了"严光桐庐溪，谢客临海峤。功成谢人间，从此一投钓"。千百年来，文人墨客，伤怀凭吊，抒写情思，我最欣赏的还是范仲淹的几句："云山苍苍，江水泱泱，先生之风，山高水长。"

说起美食，今天的桐庐行政区划属于杭州市，可是菜色截然不同，这里的菜滋味浓厚，咸鲜烈辣。大概因为这是古代重要商道，所以带来了远方的味道。景德镇瓷器从水路出发，经过复杂的钱塘江水抵达富庶的杭州城，或外销或本地消化，是当时的重要贸易路径，而桐庐就在这条商路之中。

随陶瓷一样顺江而下的还有富阳的各种味道与江鲜。在富阳我吃过江鳗，用富阳的干菜，有深邃的隽味。

陕西民谣歌曲是从信天游、秦腔一直到碗碗腔，都有"郎朗上口、大声唱出"的特点，其实是游牧民族为了传递信息，以一种高亢的嗓音唱出来，这样传递效果好，长距离时候不损失信息。

所以北方的食物和南方苏杭的食物有别。北方食物粗犷而豪放，南方则细腻而精巧。

二十年前吃"Peter Zhou"湖滨28的宝塔肉，细腻精致。宝塔肉片得极薄，四四方方围成一个宝塔型。当然还有"Peter Zhou"给中国烹饪界带来的新气象。这次"Peter Zhou"做了富春江的鳗鱼，用了一种新味道，就是用松露油煎富春江的江鳗。把鳗鱼切片，用松露油煎。再放松露酱略蒸，鳗鱼的肥香，松露的异香，加上江鳗的滑嫩，精彩绝伦。

吃完了富春江的江鳗，想着八百里秦川上高亢嘹亮的腔，有百般滋味。

初

这几天，在遥远的西半球，西班牙的安达卢西亚大区，橄榄已经成熟，正进入榨油时期。

西班牙是全球最大的橄榄油生产国，安达卢西亚大区种植有 6600 万棵橄榄树，加工橄榄油闻名遐迩。这里的榨油工艺传承上百年，一般分为三个等级：初榨、特级初榨和精致橄榄油。

初榨橄榄油是没有经过过滤的橄榄油原浆。特级初榨橄榄油是 100% 的橄榄汁，机械冷榨得到的橄榄油。可以直接做冷餐油，也可炒菜。精致橄榄油是部分特级初榨和初榨橄榄油混合的。

中国油菜花花期从三月一直到十月，从海南岛追着太阳从低纬度往高纬度一直来到新疆。传统油菜籽榨油，油坊里使用原木加塞法榨取菜籽油。

中国怒江西部，就是雅鲁藏布江大拐弯地区，那里的人民一直食用的是漆树油。漆树油含有 40% 的蜡质，主要作用是给木材上漆。漆树籽采摘后，舂碎，用重压法，榨取油脂。

实际上"初榨"就约等于"粗榨"，相当于磨坊里打出来的粗油或毛油。特级初榨橄榄油和中国农村传统榨油方法一样，也是"土法榨油"。

"初榨"这个词，是近三十年进口橄榄油才开始出现的。橄榄油分为两个工艺，一个叫 virgin olive oil，一个叫 refine olive oil，如果直接翻译的话，就是"处女橄榄油"和"精炼橄榄油"。"初榨橄榄油"和"精炼橄榄油"对比，所谓的"virgin oil"是没有经过加工，直接榨出来的橄榄油。

"初榨"这个词好文艺。当年翻译的人动了一下脑子，把"粗榨"写成"初榨",中国人立刻想到"初"的美好。"土榨油"高贵起来,洋气起来。

各地百姓食用油,由于物产不同,食用油也全然不同。比如我们熟知的小磨香油、菜籽油、豆油、棕榈油、蓖麻油,在现代精炼油之前,不管用什么方法榨取的油,都是"初榨"。当然家庭里买块肥猪肉切碎,"熬"的油也是"初榨"。小作坊的粗油味道都会更香,所有的植物油都是如此。粗油没有经过精炼,色素和一些挥发性的香味物质没有去除,颜色会更深,味道会更浓。

橄榄油也不例外,初榨工艺做出来的油香味要胜过精炼油,所以在美食家眼中,初榨油显然是更好的选择,这就和我们很多人更愿意选择古法小磨麻油或菜籽油一个道理。

没有经过精炼,游离的脂肪酸含量高,再加上其他一些杂质的影响(比如色素更容易吸收光导致氧化),粗油的保质期会明显偏短,放不了太久油就变质了,所以市面上很少会卖粗油。

橄榄油是我国目前油脂市场上最混乱的一种油,目前,每年实际进口橄榄油大约在4-5万吨,然而市面上以"橄榄油"名义销售的油脂超过百万吨。这么大的差距,即使加上走私和国内自产的橄榄油,也远远不可能平衡,唯一的解释就是,市面上的橄榄油基本为假,更不要说消费者趋之若鹜的初榨橄榄油了。实际销售的油大多是"调和油"。

后　记

　　我的计划是要连续不断写一千篇美食随笔。到目前为止已经写了将近三百五十篇。

　　自古至今写美食的文章汗牛充栋，和食物发生关系的学科更是包罗万象。这本随笔——如果有个性的话——就是它乃一本从食物的角度出发的杂文体随笔。

　　我试图通过这些连续不断的"一日一菜"的写作，从一个厨师的切口观察、发现、分析食物和相关学科所反映出的关系。虽然这些内容或观点未必是新颖的或者是科学的，但它可以作为一条线索，记录一个厨师成为大厨的经历以及作为大厨应该具有的知见。

　　每天写"一日一菜"已经成为我的生活习惯。每当有一些文字感动我自己的时候，我觉得读书和写字都是人世间最为快乐的事。写作随笔是从模仿前人文章风格入手的，很多前人的文章对我影响很大。我也在试图写出一些新意，形成自己随笔文章的风格。

　　这些随笔中，有一些我比较满意，朋友们也叫好。比如像《餐馆留"勺把儿"和偷情一样刺激》《束河青春鸡豌豆凉粉》《王的炸酱面》《大董2020元旦美食献词——美食之美》《王世襄先生说"鸭油"》《汪曾祺先生与王世襄先生论"名士菜"》《春天吃福山鲅鱼饺子》《清清明明二月兰》《春分"吃小"》《北京人爱吃茴香馅》《烹饪和火中取宝》《有多少苦味可以品尝?》《糖水、蜜汁、挂霜、拔丝、琉璃和糖色》《人生苦旅,醋溜木须》《滋味、风味、味道》《海棠又红了,院子要拆了》等。我发现这些文字因为糅杂了自己的真实情感,因此感人文字一定要真实,且细腻,要达到读者心中的灵犀之处。

写作就像游戏文字三昧,纸短意长,变化出无穷的文字组合,表达大千世界的丰富多彩。当然,如果能更加凝练而又震撼人心,是我期待能努力达到的。

在写这些随笔文字过程中,得到众多朋友老师们的帮助,如胡赳赳老师、王仁兴先生的讨论。还有我的徒弟心必女、刘新云等人的协助。诸多朋友也随时对文字中的一些内容加以指正。在这里也一并感谢。

期待我的"一日一菜"后续更加精彩。

图书在版编目（CIP）数据

一日一菜：上、下/大董 著. —— 上海：上海书店
出版社，2020.11

ISBN 978-7-5458-1965-6

Ⅰ.①—⋯ Ⅱ.①大⋯ Ⅲ.①饮食－文化－中国－通
俗读物 Ⅳ.①TS971.2–49

中国版本图书馆CIP数据核字(2020)第195128号

责任编辑 韩敏悦

一日一菜（上、下）

大董 著

出　　版　上海书店出版社
　　　　　（200001　上海市黄浦区福建中路193号）
发　　行　上海人民出版社发行中心
印　　刷　北京中科印刷有限公司
开　　本　710×1000　1/16
印　　张　44
字　　数　563千
版　　次　2020年11月第1版
印　　次　2020年11月第1次印刷
ISBN 978-7-5458-1965-6/TS.18
定　　价　168.00元